计算机
信息技术
与人工智能研究

张朋 张宪红 李博彤 ◎著

JISUANJI
XINXI JISHU
YU RENGONG ZHINENG YANJIU

人工智能技术
计算机信息技术

中国出版集团
中译出版社

图书在版编目（CIP）数据

计算机信息技术与人工智能研究／张朋，张宪红，李博彤著. -- 北京：中译出版社，2024. 6. -- ISBN 978-7-5001-7835-4

Ⅰ. TP3；TP18

中国国家版本馆 CIP 数据核字第 2024WG1571 号

计算机信息技术与人工智能研究
JISUANJI XINXI JISHU YU RENGONG ZHINENG YANJIU

著　　者：张　朋　张宪红　李博彤
策划编辑：于　宇
责任编辑：于　宇
文字编辑：田玉肖
营销编辑：马　萱　钟筱童
出版发行：中译出版社
地　　址：北京市西城区新街口外大街 28 号 102 号楼 4 层
电　　话：（010）68002494（编辑部）
邮　　编：100088
电子邮箱：book@ctph. com. cn
网　　址：http://www. ctph. com. cn

印　　刷：北京四海锦诚印刷技术有限公司
经　　销：新华书店
规　　格：710 mm×1000 mm　1/16
印　　张：14
字　　数：226 千字
版　　次：2025 年 3 月第 1 版
印　　次：2025 年 3 月第 1 次印刷

ISBN 978-7-5001-7835-4　　定价：68.00 元

前　言

计算机信息安全是一门涉及计算机科学、网络技术、通信技术、密码学技术、信息安全技术等多个学科的综合性学科。计算机信息安全是指网络系统的硬件、软件及其系统中的数据受到保护，不受偶然的或者恶意的原因而遭到破坏、更改、泄露，确保系统能连续正常地运行，网络服务不中断。网络安全从其本质上来讲就是网络上的信息安全。从广义上来说，凡是涉及网络上信息的保密性、完整性、可用性、真实性和可控性的相关技术和理论都是网络安全的研究领域。人工智能是计算机科学中涉及研究、设计和应用智能机器的一个分支，是一门研究机器智能的学科。作为一门前沿交叉学科，它的研究领域十分广泛。人工智能的远期目标是揭示人类智能的根本机理，用智能机器去模拟、延伸和扩展人类的智能。人工智能涉及脑科学、认知科学、计算机科学、系统科学、控制论等多种学科，并依赖它们共同发展。目前，人工智能仍处于发展时期，很多问题解决得还不够好，甚至不能求解，很多问题的求解还需要一定的条件。

本书属于计算机研究方面的书籍，探讨了计算机信息技术与人工智能。首先对计算机与信息社会、计算机网络与信息安全、计算机网络信息加密技术进行分析；其次探究了人工智能的基础知识、基于知识的人工智能系统；再次探索了AI图像技术、自然语言处理、智慧物联；最后论述了人工智能时代的计算机技术。全书具有实务指引性的理论成果，希望对学习计算机的相关人员有参考价值。

由于作者写作时间有限，书中存在的不当之处在所难免，恳请读者批评指正。

著者

2024 年 3 月

目 录

第一章　计算机与信息社会

第一节　计算机与信息基础知识

数字化、网络化与信息化是 21 世纪的时代特征。一个国家、一个民族如果没有信息化就没有现代化，没有现代化就没有创新能力，没有创新能力的国家在全球化的竞争中就会出局。信息是资本、财富和竞争优势，信息对于一个国家、一个民族乃至个人都是十分重要的。计算机作为处理信息的工具，能自动、高速、精确地对信息进行存储、传送和加工处理。信息技术的发展与计算机的广泛应用是分不开的。计算机的广泛应用推动了社会发展与进步，对人类社会的生产和生活产生了极其深刻的影响，可以说，计算机文化已融化到了社会的各个领域之中，成为人类文化中不可缺少的一部分。在进入信息时代的今天，学习计算机知识、掌握计算机的应用已成为人们的迫切需求。

一、信息与信息社会

（一）信息

信息就是对各种事物的存在方式、运动状态和相互联系特征的一种表达和陈述，是自然界、人类社会和人类思维活动普遍存在的一切物质和事物的属性，它存在于人们的周围。

信息是一种消息，通常以文字、声音或图像的形式来表现。在软件开发过程中，所管理的很多文档针对不同的数据条目通常附有相关的说明，这些说明起到的就是信息的作用。信息是反映客观世界中各种事物的特征和变化，并可借某种载体传递有用的的知识。

信息按其内容分为自然信息和社会信息。自然信息是自然界一切事物存在方式及其运动变化状态的反应；社会信息按其性质又可分为政治信息、经济信息、军事信息、文化信息、科学技术信息、社会生活信息等。信息按其表现形态一般可分为数据、文本、声音和图像。

信息的基本特征如下。

①依附性：信息的表示、传播和存储必须依附于某种载体，语言、文字、声音、图像和视频等都是信息的载体。而纸张、胶片、磁带、磁盘、光盘，甚至于人的大脑等则是承载信息的媒介。

②感知性：信息能够通过人的感觉器官被接受和识别。其感知的方式和识别的手段因信息载体的不同而各异：物体、色彩、文字等信息由视觉器官感知，音响、声音中的信息由听觉器官识别，天气冷热的信息则由触觉器官感知。

③可传递性：在生活中，我们可以采用语言、字条、网络等几种方式进行信息的传递，由此可见，信息具有可传递性。信息传递可以是面对面的直接交流，也可以通过电报、电话、书信、传真来沟通，还可以通过报纸、杂志、广播、电视、网络等来实现。

④可加工性：人们对信息进行整理、归纳、去粗取精、去伪存真，从而获得更有价值的信息。例如，天气预报的产生，一般要经过多个环节：首先要对大气进行探测，获得第一手大气资料；其次进行一定范围内的探测资料交换、收集、汇总；最后由专家对各种气象资料进行综合分析、计算、研究得出结果。

⑤可共享性：信息可以被不同的个体或群体接收和利用，它并不会因为接收者的增加而损耗，也不会因为使用次数的增加而损耗。例如，电视节目可以被许多人同时收看，但电视节目的内容不会因此而损失。信息可共享的特点使得信息资源能够发挥最大效用，同时能使信息资源生生不息。

⑥时效性：信息作为对事物存在方式和运动状态的反映，随着客观事物的变化而变化。股市行情、气象信息、交通信息等瞬息万变，可谓机不可失，时不再来。

⑦可伪性：由于人们在认知能力上存在差异，对于同一信息，不同的人可能会有不同的理解，形成"认知伪信息"；或者由于传递过程中的失误，产生"传递伪信息"。

（二）信息技术

信息技术是研究信息的获取、传输和处理的技术，由计算机技术、通信技术、传感技术及控制技术结合而成，有时也叫作"现代信息技术"。也就是说，信息技术是利用计算机进行信息处理，利用现代电子通信技术从事信息采集、存储、加工、利用。以及相关产品制造、技术开发、信息服务的新学科。

传感技术的任务是延长人的感觉器官收集信息的功能。目前，传感技术已经发展了一大批敏感元件，除了普通的照相机能够收集可见光波的信息、微音器能够收集声波信息之外，现在已经有了红外、紫外等光波波段的敏感元件，帮助人们提取那些人眼所见不到的重要信息。还有超声和次声传感器，可以帮助人们获得那些人耳听不到的信息。

通信技术的任务是延长人的神经系统传递信息的功能。通信技术的发展速度之快是惊人的。从传统的电话、电报、收音机、电视，到如今的移动式电话（手机）、传真、卫星通信，这些新的、人人可用的现代通信方式使数据和信息的传递效率得到很大的提高，从而使过去必须由专业的电信部门来完成的工作转由行政、业务部门的工作人员直接、方便地完成。通信技术成为办公自动化的支撑技术。

计算机技术是延长人的思维器官处理信息和决策的功能，它与现代通信技术一起构成了信息技术的核心内容。计算机虽然体积越来越小，但功能越来越强。例如，电子出版社系统的应用改变了传统印刷、出版业；光盘的使用使人类的信息存储能力得到了很大程度上的延伸，出现了电子图书这新一代电子出版物；多媒体技术的发展使音乐创作、动画制作等成为普通人可以涉足的领域。

控制技术也称自动化控制技术，广泛用于工业、农业、军事、科学研究、交通运输、商业、医疗、服务和家庭等方面。采用自动化控制不仅可以把人从繁重的体力劳动、部分脑力劳动，以及恶劣、危险的工作环境中解放出来，而且能扩展人的器官功能，极大地提高劳动生产率，增强人类认识世界和改造世界的能力。控制技术的应用主要包括过程自动化、机械制造自动化和管理自动化。

信息技术的基本内容与人的信息器官相对应，是人的信息器官的扩展，它们形成一个完整的系统。通信技术和计算机技术是核心，传感技术是核心与外部世界的接口。没有计算机和通信技术，信息技术就失去了基本的意义；没有传感技术，信息技术就失去了基本的作用。

现代信息技术已是一门综合性很强的高新技术，它以通信、电子、计算机、自动化和光电等技术为基础，是产生、存储、转换和加工图像、文字和声音及数字信息的一切现代技术的总称。

（三）信息化

信息化是指培育、发展以智能化工具为代表的新的生产力并使之造福于社会的历史过程。国家信息化就是在国家统一规划和组织下，在农业、工业、科学技术、国防及社会生活各个方面应用现代信息技术，深入开发、广泛利用信息资源，加速实现国家现代化进程。实现信息化就要构筑和完善六个要素（开发利用信息资源、建设国家信息网络、推进信息技术应用、发展信息技术和产业、培育信息化人才、制定和完善信息化政策）的国家信息化体系。

（四）信息社会

信息社会也称信息化社会，是脱离工业化社会以后，信息将起主要作用的社会。

在农业社会和工业社会中，物质和能源是主要资源，而人们所从事的是大规模的物质生产。在信息社会中，信息成为比物质和能源更为重要的资源，以开发和利用信息资源为目的的信息经济活动迅速扩大，逐渐取代工业生产活动而成为国民经济活动的主要内容。

信息经济在国民经济中占据主导地位，并构成社会信息化的物质基础。以计算机、微电子和通信技术为主的信息技术革命是社会信息化的动力源泉。

信息技术在资料生产、科研教育、医疗保健、企业和政府管理及家庭中的广泛应用，对经济和社会发展产生了巨大而深刻的影响，从根本上改变了人们的生活方式、行为方式和价值观念。

造就和支撑信息社会的基础是计算机技术及其系统与网络、信息高速公路、以反映人类生活和客观世界存在的各种数据库为核心的各种载体形式的信息资源、掌握和主宰信息技术的专家人才和具有信息文化素质的用户人才。

信息社会的主要内容包括以下六个方面。

①知识和信息是构成社会存在与发展的最重要的资源和财富。

②信息、知识和智力将成为社会发展的决定力量。

③以信息技术为核心的信息产业，作为现代产业群体中的支柱产业，将是经济增长的动力源泉。

④社会生活的一切活动速率将加快，每一个社会个体对社会的参与和了解明显增加。

⑤社会中的大多数劳动者必须学会先进的计算机技术、网络技术、声像技术、数据存储检索技术和人工智能技术，数字化生存是社会的现实。

⑥信息技术将渗透到人们工作和生活的每一个角落，人与人之间联系、沟通是共时性的、双向互动的。

（五）数据与数据管理

1. 数据

数据是用来记录信息的可识别的符号，是信息的具体表现形式。数据用型和值来表示。数据的型是指数据内容存储在媒体上的具体形式，值是指所描述的客观事物的本体特性。数据一般是指信息的一种符号化表示方法，也就是说，用一定的符号表示信息，而采用什么符号完全是人为规定的。例如，为了便于用计算机处理信息，就得把信息转换为计算机能够识别的符号，即采用 0 和 1 两个符号编码来表示各种各样的信息。所以，数据的概念包括两个方面的含义：一方面是数据的内容是信息，另一方面是数据的表现形式是符号。

数据在数据处理领域中涵盖的内容非常广泛，这里的"符号"不仅指数字、字母、文字等常见符号，还包括图形、图像、声音等多媒体数据。

2. 数据处理与数据管理

数据处理是指将数据转换成信息的过程，这一过程主要是指对所输入的数据进行加工整理，包括对数据的收集、存储、加工、分类、检索和传播等一系列活动，其根本目的就是从大量的、已知的数据出发，根据事物之间的固有联系和规律，采用分析、推理、归纳等手段，提取出对人们有价值、有意义的信息，作为某种判断、决策的依据。

例如，网上购物系统中顾客、订单、货物价格、销售数量、库存情况等数据，通过处理可以计算出各种货物销售量、销售额、销售排名等信息，这些信息是制订进货计划、销售策略的依据。

数据处理的工作分为以下三个方面。

①数据收集。其主要任务是收集信息，将信息用数据表示并按类别组织保存。数据管理的目的是快速、准确地提供必要的、可能被使用和处理的数据。

②数据加工。其主要任务是对数据进行变换、抽取和运算。通过数据加工得到更加有用的数据，以指导或控制人的行为或事务的变化趋势。

③数据传播。通过数据传播，信息在空间或时间上以各种形式传递。在数据传播过程中，数据的结构性质和内容不发生改变。数据传播会使更多的人得到信息，并且更加理解信息的意义，从而使信息的作用充分发挥。

数据管理包括对数据的分类、组织、编码、存储、查询和维护。随着信息技术应用范围的不断扩大，人们将面临大量的数据处理工作。在数据处理中，最基本的工作是数据管理工作。数据管理是数据处理的基础和核心。一般情况下，数据管理工作应包括以下三个方面的内容。

①组织和保存数据。为了使数据能够长期地被保存，数据管理工作需要将得到的数据合理地分类组织，并存储在计算机硬盘、光盘、闪存盘等物理载体上。

②进行数据维护。数据管理工作要根据需要随时进行增、删、改数据的操作，即增加新数据、修改原数据和删除无效数据的操作。

③提供数据查询和数据统计功能。数据管理工作要提供数据查询和数据统计功能，以便快速准确地得到需要的数据，满足各种使用要求。

计算机技术的发展为科学有效地进行数据管理提供了先进的工具和手段，用计算机管理数据已经渗透到了社会的各个领域，数据管理已成为计算机应用的一个重要分支。

（六）数字化生存

信息化不仅使人类社会经济形态发生巨大变革，也引起人类社会生活的重大变化。信息资源日益成为生产要素、无形资产和社会财富；信息网络更加普及并日趋融合；信息化与经济全球化相互交织，推动着全球产业分工深化和经济结构调整，重塑着全球经济竞争格局；互联网加剧了各种思想文化的相互激荡，成为信息传播和知识扩散的新载体；电子政务在提高行政效率、改善政府效能、扩大民主参与等方面的作用日益显著；信息安全的重要性与日俱增，成为各国面临的共同挑战。信息化在当今社会中的作用及对社会的冲击，使得人类社会迎来一个崭新的社会生活时代——数字化生存时代。数字化生存时代的社会生活可以用下面的变化来描述。

①电子商务：电子商务是运用数字信息技术，对企业的各项活动进行持续优化的过程。电子商务涵盖的范围很广，一般可分为企业对企业、企业对消费者和消费者对消费者三种模式。随着国内因特网（Internet）使用人数的增加，利用因特网（Internet）进行网络购物并以银行卡付款的消费方式已日渐流行，市场份额迅速增长，电子商务网站层出不穷，网上购物成为一种时尚。

②网上学校：学校围墙将消失，可以通过教育网络在家中到大学读书，还可在网上请教知名学者和教授；可以通过互联网共享全球教育资源，不用出国就能网上留学；利用因特网（Internet）可以真正实现全民教育和终身教育。

③网上会议：科学家、企业家、行政系统管理人员通过网络参加电视会议，进行远程研究、沟通协调、发布命令等。

④电子银行：商业银行等银行业金融机构利用面向社会公众开放的通信通道或开放型公众网络，以及银行为特定自助服务设施或客户建立的专用网络，向客户提供的银行服务。电子银行业务主要包括利用计算机和互联网开展的网上银行业务，利用电话等声讯设备和电信网络开展的电话银行业务，利用移动电话和无线网络开展的手机银行业务，以及其他利用电子服务设备和网络、由客户通过自助服务方式完成金融交易的业务，如自助终端、ATM、POS等。

⑤网上广告：人们可以在网上看到所需要的任何商品信息，而且可以货比三家，直到找到满意的商品为止。

⑥网上娱乐和休闲：在网上可以博览群书，也可以发表自己的见解；可以听音乐，也可以看电影；可以聊天，也可以玩游戏；可以足不出户游览世界名山大川。

⑦数字化校园与智慧校园：数字化校园是以数字化信息和网络为基础，在计算机和网络技术上建立起来的对教学、科研、管理、技术服务、生活服务等校园信息的收集、处理、整合、存储、传输和应用，它是使数字资源得到充分优化利

用的一种虚拟教育环境。通过实现从环境（如设备、教室等）、资源（如图书、讲义、课件等）到应用（如教、学、管理、服务、办公等）的全部数字化，在传统校园基础上构建一个数字空间，以拓展现实校园的时间和空间维度，提高传统校园的运行效率，扩展传统校园的业务功能，最终实现教育过程的全面信息化，从而达到提高管理水平和效率的目的。

⑧数字城市：数字城市以计算机技术、多媒体技术和大规模存储技术为基础，以宽带网络为纽带，运用遥感、全球定位系统、地理信息系统、遥测、仿真、虚拟等技术，对城市进行多分辨率、多尺度、多时空和多种类的三维描述，即利用信息技术手段把城市的过去、现状和未来的全部内容在网络上进行数字化虚拟实现。

二、计算机的发展

（一）计算机的应用领域

计算机的应用领域十分广泛，传统的应用领域包括以下方面。

1. 科学计算

利用计算机进行科学计算，不仅可以节省大量的时间、人力和物力，而且可以提高计算精度，是发展现代尖端技术必不可少的重要工具。

2. 多媒体信息处理

多媒体计算机系统集多媒体采集、传输、存储、处理和显示控制技术于一身。这自然会与传统的电视广播网和电信网的功能逐步融合，即向"三网合一"的方向发展。

3. 人工智能

人工智能是计算机应用的一个重要领域和前沿学科，其目的是使计算机具有"推理"和"学习"的功能。"自然语言理解"是人工智能的一个分支。现代计算机技术已发展到通过语言方式命令计算机完成特定的操作。"专家系统"是人工智能的又一个重要分支，它是使计算机具有某一方面的专门知识，利用这些知识来处理所遇到的问题，如人机对弈、模拟医生开处方等。"机器人"是人工智能的前沿领域，可以代替人进行危险作业、流水线生产安装等工作。

4. 信息管理

信息管理是目前计算机应用最广泛的领域。所谓信息管理，就是利用计算机来加工、管理和操作任何形式的数据资料。例如，生产管理、企业管理、办公自动化、信息情报检索等。

5. 计算机网络

计算机网络是指利用现代通信技术和计算机技术，把分布在不同地点的计算机互联起来，按照网络协议互相通信，以便共享软、硬件资源。目前，计算机网络技术已成为计算机系统集成的支柱技术。网络的发展将改变人类传统的生活方式，网络在交通、金融、企业管理、教育、邮电、商业等各领域中将得到更广泛的应用。

6. 计算机辅助系统

计算机用于计算机辅助设计（CAD）、计算机辅助制造（CAM）、计算机辅助测试（CAT）和计算机辅助教学（CAI）等方面，统称为计算机辅助系统。

CAD 是指利用计算机来帮助设计人员进行工程设计，提高设计工作的自动化程度，节省人力和物力。CAM 是指利用计算机来进行生产设备的管理、控制和操作，提高产品质量，降低生产成本。CAT 是指利用计算机进行复杂且大量的测试工作。CAI 是指利用计算机辅助教学的自动系统。

上面只是罗列了计算机早期的一些应用领域，但事实上计算机的功能早已超越了这些领域。它的存在形式也不仅限于常见的台式机、笔记本式计算机、智能手机，也可以是一个大机柜、一块电路板或者一枚小小的芯片。计算机存在于我们的城市，存在于我们家中的每一个角落。而且从城市的交通指挥到飞机、火车和汽车等交通工具，从商场、银行的收款机、结算系统到办公和家用的各种电器，或多或少都由计算机在控制。

（二）计算机的分类

计算机及相关技术的迅速发展带动计算机类型也不断分化，形成了各种不同种类的计算机。

1. 按结构原理分类

按计算机的结构原理可分为模拟计算机、数字计算机和混合式计算机。

①电子数字计算机：所有信息以二进制数表示。

②电子模拟计算机：内部信息形式为连续变化的模拟电压，基本运算部件为运算放大器。

③混合式电子计算机：既有数字量又能表示模拟量，设计比较困难。

2. 按用途分类

按计算机用途可分为专用计算机和通用计算机。

①通用计算机：适用于各种应用场合功能齐全、通用性好的计算机。

②专用计算机：为解决某种特定问题专门设计的计算机，如工业控制机、银行专用机、超级市场收银机（POS）等。

3. 按运算速度、字长、存储容量分类

较为普遍的是按照计算机的运算速度、字长、存储容量等综合性能指标分类，可分为巨型计算机、大中型计算机、小型计算机、微型计算机、工作站。

（1）巨型计算机

巨型计算机（简称"巨型机"）又称超级计算机，是指运算速度超过每秒1亿次的高性能计算机，它是目前功能最强、速度最快、软硬件配套齐备、价格最贵的计算机，主要用于解决诸如气象、太空、能源、医药等尖端科学研究和战略武器研制中的复杂计算。它们安装在国家高级研究机构中，可供几百个用户同时使用。

（2）大中型计算机

大中型计算机（简称"大中型机"）也有很高的运算速度和很大的存储量并允许相当多的用户同时使用。当然，在量级上都不及巨型机，结构上也较巨型机简单些，价格相对巨型机便宜，因此使用的范围较巨型机普遍，是事务处理、商业处理、信息管理、大型数据库和数据通信的主要支柱。

（3）小型计算机

小型计算机（简称"小型机"）规模和运算速度比大中型机要差，但仍能支持十几个用户同时使用。小型机具有体积小、价格低、性能价格比高等优点，适合中小企业、事业单位用于工业控制、数据采集、分析计算、企业管理及科学计算等，也可做巨型机或大中型机的辅助机。

（4）微型计算机

微型计算机（简称"微机"），是当今使用最普及、产量最大的一类计算机，其体积小、功耗低、成本少、灵活性大，性能价格比明显地优于其他类型计算机，因而得到了广泛应用。微型计算机可以按结构和性能划分为单片机、单板机、个人计算机等类型。

①单片机：把 CPU、一定容量的存储器及输入/输出接口电路等集成在一个芯片上，就构成了单片机。可见单片机仅是一片特殊的、具有计算机功能的集成电路芯片。单片机体积小、功耗低、使用方便，但存储容量较小，一般用作专用机或用来控制高级仪表、家用电器等。

②单板机：把 CPU、存储器、输入/输出接口电路安装在一块印制电路板上，就成为单板计算机。一般在这块板上还有简易键盘、液晶和数码管显示器及外存储器接口等。单板机价格低廉且易于扩展，广泛用于工业控制、微型机教学和实验，或作为计算机控制网络的前端执行机。

③个人计算机：供单个用户使用的微型机一般称为个人计算机（PC），是目前用得最多的一种微型计算机。PC 配置有一个紧凑的机箱、显示器、键盘、打印机以及各种接口，可分为台式计算机和便携式计算机。

（5）工作站

工作站是介于 PC 和小型机之间的高档微型计算机，通常配备有大屏幕显示器和大容量存储器，具有较高的运算速度和较强的网络通信能力，有大型机或小型机的多任务和多用户功能，同时兼有微型计算机操作便利和人机界面友好的特点。工作站的独到之处是具有很强的图形交互能力，因此在工程设计领域得到广泛应用。

（三）计算机的发展趋势

计算机技术是世界上发展最快的科学技术之一，产品不断升级换代。当前计算机技术正朝着多极化、智能化、网络化、多媒体化等方向发展，计算机本身的性能越来越强，应用范围也越来越广泛，从而使计算机成为人们工作、学习和生活中必不可少的工具。

1. 计算机技术的发展特点

（1）多极化

如今，个人计算机已遍及全球，但由于计算机应用的不断深入，对巨型机、大型机的需求也稳步增长，巨型机、大型机、小型机、微型机各有自己的应用领域，形成了一种多极化的形势。例如，巨型计算机主要应用于天文、气象、地质、核反应、航天飞机和卫星轨道计算等尖端科学技术领域和国防事业领域，它标志一个国家计算机技术的发展水平。目前，运算速度为每秒一亿亿次至数十亿亿次的巨型计算机已经投入运行，并正在研制更高速的巨型机。

（2）智能化

智能化使计算机具有模拟人的感觉和思维过程的能力，使计算机成为智能计算机。这也是目前正在研制的新一代计算机要实现的目标。智能化的研究包括模式识别、图像识别、自然语言的生成和理解、博弈、定理自动证明、自动程序设计、专家系统、学习系统和智能机器人等。目前，已研制出多种具有人的部分智能的机器人。

（3）网络化

网络化是计算机发展的又一个重要趋势。从单机走向联网是计算机应用发展的必然结果。所谓计算机网络化，是指用现代通信技术和计算机技术把分布在不同地点的计算机互联起来，组成一个规模大、功能强、可以互相通信的网络结构。网络化的目的是使网络中的软件、硬件和数据等资源能被网络上的用户共享。目前，大到世界范围的通信网，小到实验室内部的局域网已经很普及，因特网已经连接包括我国在内的 150 多个国家和地区。由于计算机网络实现了多种资源的共享和处理，提高了资源的使用效率，因而深受广大用户的欢迎，得到了越来越广泛的应用。

（4）多媒体化

多媒体计算机是当前计算机领域中最引人注目的高新技术之一。多媒体计算机就是利用计算机技术、通信技术和大众传播技术来综合处理多种媒体信息的计算机，这些信息包括文本、视频图像、图形、声音、文字等。多媒体技术使多种信息建立了有机联系，并集成为一个具有人机交互性的系统。多媒体计算机将真正改善人机界面，使计算机朝着人类接收和处理信息的最自然的方式发展。

2. 未来的计算机

许多科学家认为，以半导体材料为基础的集成技术日益走向它的物理极限，要解决这个矛盾，必须开发新的材料、采用新的技术。于是人们努力探索新的计算材料和计算技术，致力于研制新一代的计算机，如生物计算机、量子计算机等。现在许多国家正在研制新一代计算机，称为第五代计算机。

（1）高速计算机

计算机运行速度的快慢与芯片之间信号传输的速度直接相关，然而，目前普遍使用的硅二氧化物在传输信号的过程中会吸收一部分信号，从而延长了信息传输的时间。保利技术公司研制的"空气胶滞体"导线几乎不吸收任何信号，因而能够更迅速地传输各种信息。此外，它还可以降低电耗，而且不需要对计算机的芯片进行任何改造，只须换上"空气胶滞体"导线，就可以成倍地提高计算机的运行速度。不过，这种"空气胶滞体"导线也有不足之处，主要是其散热效果较差，不能及时地将计算机中电路产生的热量散发出去。为了解决这个问题，保利技术公司的科研小组研究出计算机芯片冷却技术，它在计算机电路中内置了许多装着液体的微型小管，用来吸收电路散发出的热量。当电路发热时，热量将微型管内的液体汽化，当这些汽化物扩散到管子的另一端之后又重新凝结，流到管子底部。

（2）生物计算机

生物计算机最大的特点是采用了生物芯片，它由生物工程技术产生的蛋白质分子构成。科学家在生物计算机研究领域已经有了新的进展，预计在不久的将来，就能制造出分子元件，即通过在分子水平上的物理化学作用对信息进行检测、处理、传输和存储。目前，科学家已经在超微技术领域取得了某些突破，制造出了微型机器人。科学家的长远目标是让这种微型机器人成为一部微小的生物计算机，它们不仅小巧玲珑，而且可以像微生物那样自我复制和繁殖，可以钻进人体中杀死病毒，对损伤的血管、心脏、肾脏等内部器官进行修复，或者使引起癌变的 DNA 突变发生逆转，从而使人们延年益寿。

（3）光学计算机

所谓光学计算机，就是利用光作为信息的传输媒体。与电子相比，光子具有许多独特的优点。它的速度永远等于光速，具有电子所不具备的频率及偏振特征。此外，光信号的传输根本不需要导线，光学计算机的智能水平也将远远超过电子计算机的智能水平，是人们梦寐以求的理想计算机。

（4）量子计算机

在人类刚进入 21 世纪之际，量子力学梅开二度，科学家根据量子力学理论，在研制量子计算机的道路上取得了新的突破。美国科学家宣布，他们已成功地实现了 4 量子位逻辑门，取得了 4 个锂离子的量子缠结状态。这一成果意味着量子计算机如同含苞待放的蓓蕾，必将开出绚丽的花朵。

3. 智能手机

智能手机是指"像个人计算机一样，具有独立的操作系统，可以由用户自行安装软件、游戏等第三方服务商提供的程序，通过此类程序来不断对手机的功能进行扩充，并可以通过移动通信网络来实现无线网络接入的一类手机的总称"。目前，全球多数手机厂商都有智能手机产品。

智能手机一般具有如下特点。

①具备无线接入互联网的能力，即需要支持 GSM 网络下的 GPrS 或者 CDMA 网络的 CDMA1X 或 3G、4G 和 5G 网络。

②具有 PDA 的功能，包括 PIM（个人信息管理）、日程记事、任务安排、多媒体应用、浏览网页等。

③具有开放性的操作系统，可以安装更多的应用程序。

④人性化，可以根据个人需要扩展机器功能。

⑤功能强大，扩展性能强，第三方软件支持多。

智能手机是一种在手机内安装了相应开放式操作系统的手机。因为可以安装第三方软件，所以智能手机有丰富的功能。

4. 平板计算机

平板计算机是一种小型、方便携带的个人计算机，以触摸屏作为基本的输入设备。它拥有的触摸屏（也称为数位板技术）允许用户通过触控笔或数字笔来进行作业。用户可以通过内置的手写识别、屏幕上的软键盘、语音识别或者一个真正的键盘（如果该机型配备）进行输入。

多数平板计算机使用 Wacom 数位板，该数位板能快速地将触控笔的位置"告诉"计算机。使用这种数位板的平板计算机会在其屏幕表面产生一个微弱的磁场，该磁场只能和触控笔内的装置发生作用。所以用户可以放心地将手放到屏幕上，因为只有触控笔才会影响到屏幕。

第二节　计算机系统与组装

一、计算机系统概述

计算机系统包括硬件系统和软件系统两大部分。硬件是指组成计算机的各种物理设备，也就是人们能够看得见、摸得着的实际物理设备，它包括计算机的主机和外围设备，具体由五大功能部件组成，即运算器、控制器、存储器、输入设备和输出设备。软件指在计算机硬件设备上运行的各种程序、相关文档和数据的总称。

（一）计算机五大功能部件

1. 运算器

运算器又称算术逻辑单元。它是计算机对数据进行加工处理的部件，包括算术运算（加、减、乘、除等）和逻辑运算（与、或、非、异或、比较等）。

2. 控制器

控制器负责从存储器中取出指令，并对指令进行译码；根据指令的要求，按时间的先后顺序，负责向其他各部件发出控制信号，保证各部件协调一致地进行工作，一步一步地完成各种操作。控制器主要由指令寄存器、译码器、程序计数器、操作控制器等组成。

硬件系统的核心是中央处理器（Central Processing Unit，CPU）。它主要由控制器、运算器等组成，并采用大规模集成电路工艺制成的芯片，又称为 CPU 芯片。

3. 存储器

存储器是计算机记忆或暂存数据的部件。计算机中的全部信息（包括原始的输入数据）、经过初步加工的中间数据，以及最后处理完成的有用信息都存放在存储器中。而且，指挥计算机运行的各种程序，即规定对输入数据如何进行加工处理的一系列指令也都存放在存储器中。存储器分为内存储器（内存）和外存储器（外存）两种。内存储器中存放将要执行的指令和运算数据，容量较小，但存取速度快。外存容量大、成本低、存取速度慢，用于存放需要长期保存的程序和数据。当存放在外存中的程序和数据需要处理时，必须先将它们读到内存中，才能进行处理。

4. 输入设备

输入设备是给计算机输入信息的设备。它是重要的人机接口，负责将输入的信息（包括数据和指令）转换成计算机能识别的二进制代码，送入存储器保存。常用的输入设备有键盘、鼠标、扫描仪、磁盘驱动器和触摸屏等。

5. 输出设备

输出设备是输出计算机处理结果的设备。在大多数情况下，它将这些结果转换成便于人们识别的形式。常用的输出设备有显示器、打印机、绘图仪和磁盘驱动器等。

计算机这五大部分相互配合、协同工作。其简单的工作原理是，首先由输入设备接收外界信息（程序和数据），控制器发出指令将数据送入内存，然后向内存发出取指令命令。在取指令命令下，程序指令逐条送入控制器。控制器对指令进行译码，并根据指令的操作要求，向存储器和运算器发出存指令、取指令命令和运算命令，经过运算器计算并把计算结果存在存储器中。最后在控制器发出的取数和输出命令的作用下，通过输出设备输出计算结果。

（二）计算机总线结构

总线技术是目前计算机中广泛采用的技术。所谓总线就是系统部件之间传送信息的公共通道，各部件由总线连接并通过它传递数据和控制信号。

根据所连接部件的不同，总线可分为内部总线和系统总线。内部总线是同一部件内部的连接总线，如连接 CPU 的控制器、运算器和各寄存器之间的总线。系统总线是同一台计算机的各部件之间相互连接的总线，如连接 CPU、内存、I/O接口之间的总线。系统总线从功能上又可分为数据总线、地址总线和控制总线。

1. 数据总线

数据总线用于传递数据。数据总线的传输方向是双向的，是 CPU 与存储器、CPU 与 I/O 接口之间的双向传输通道。数据总线的位数和 CPU 的位数是一致的，是衡量微型计算机运算能力的重要指标。

2. 地址总线

CPU 通过地址总线把地址信息送到其他部件，因而地址总线是单向的。地址总线的位数决定了 CPU 的寻址能力，也决定了微型机的最大内存容量。例如，16 位地址总线的寻址能力是 $2^{16}B = 64KB$，而 32 位地址总线的寻址能力是 4GB。

3. 控制总线

控制总线是由 CPU 对外围芯片和 I/O 接口的控制，以及这些接口芯片对 CPU 的应答、请求等信号组成的总线。控制总线是最复杂、最灵活、功能最强的一类总线，其方向也因控制信号不同而有所差别。例如，读写信号和中断响应信号由 CPU 传给存储器和 I/O 接口，中断请求和准备就绪信号由其他部件传输给 CPU。

二、计算机组装步骤

（一）组装前的准备

要组装一台完整的多媒体计算机，应该首先准备好计算机各个部件的硬件及安装工具。计算机硬件事先选好配置方案，再购买相应的硬件，主要包括 CPU、主板、内存、硬盘、显卡、光驱、显示器、机箱、电源、鼠标、键盘等；工具主要是固定计算机硬件所用，最基本的工具有十字螺丝刀和一字螺丝刀、镊子、尖嘴钳、螺钉等。

另外，还有一些其他材料，如电源排型插座，由于计算机系统不止一个设备需要供电，所以一定要准备一个万用多孔型插座，以方便测试机器时使用；器皿，计算机在安装和拆卸的过程中有许多螺钉及一些小零件需要随时取用，所以应该准备一个小器皿，用来盛装这些东西，以防止丢失；工作台，为了方便安装，应该有一个高度适中的工作台，无论是专用的计算机桌还是普通的桌子，只要能够满足使用需求就可以了。

以上全部内容准备好，就可以开始计算机硬件的安装。

（二）组装过程

1. 安装 CPU

拉起主板 CPU 插座的锁定扳手，参照定位标志，将 CPU 放入插座，按下扳手锁定 CPU 部件。CPU 安装完毕后，加装 CPU 的散热片和散热风扇。

2. 安装内存

内存与插槽均采用防呆式设计，方向反了将无法插入。安装时，用两个大拇指按住内存的两头，用力往下按，听到啪的一声声响后，即安装到位。

3. 安装主机箱电源

将电源放进机箱的电源槽，并将电源上的螺钉固定孔与机箱上的固定孔对正，然后将螺钉拧紧。

4. 安装主板

双手平行托起主板，将主板放入机箱，判断主板是否安装到位的一个很重要的标准就是查看是否与 I/O 挡板重合，最后拧紧螺钉，固定主板。

5. 安装硬盘

将硬盘放入专门固定硬盘的安装架中，用专门的硬盘螺钉将硬盘固定在硬盘架上，至少需要两颗螺钉。

6. 安装显卡

让显卡的金手指缺口对准 PCI-E 插槽的凸块位置，垂直向下用力按压，直到金手指部分完全看不见为止，最后用螺钉将显卡固定。

7. 固定光驱

拆除机箱前挡板后，将光驱从挡板平行推入，利用螺钉固定光驱。

8. 连接各个数据缆线和电源线

除了直接在主板上的硬件不需要连线以外，机箱内其他硬件要与主板连接都需要一些连线完成。可以把这些连线分为电源线、数据线及主板跳线。

9. 外设连接

在机箱背板上，一般都标有外设部件连接的示意图标，按照提示，可连接电源线、鼠标、键盘、显示器、音箱、网线等。

10. 通电调试

确认整机部件无物理故障后，加装机箱盖，硬件装配完毕，即可加电调试并安装操作系统和应用软件。

第三节 计算机软件与硬件

一、计算机的主要硬件

（一）CPU

计算机由五大功能部件组成：运算器、控制器、存储器、输入设备、输出设备。在工艺上，运算器和控制器做在一块芯片上，称为中央处理器，它是计算机的核心，它的性能决定了计算机的档次。在组装计算机时，首先面临的就是对CPU的选择。

1. CPU 简介

CPU 从雏形出现到发展壮大的今天，随着制造技术的发展，在其中所集成的电子元件也越来越多，上万个甚至是上百亿个微型的晶体管构成了 CPU 的内部结构。那么，这些晶体管是如何工作的呢？

CPU 的内部结构可分为控制单元、逻辑单元和存储单元三大部分。而 CPU 的工作原理就像一个工厂对产品的加工过程：进入工厂的原料（指令），经过物资分配部门（控制单元）的调度分配，被送往生产线（逻辑运算单元），生产出成品（处理后的数据）后，再存储在仓库（存储器）中，最后拿到市场上去卖（交由应用程序使用）。

2. CPU 的主要性能指标

CPU 的性能大致反映出了它所配置的计算机的性能，因此 CPU 的性能指标十分重要。CPU 主要的性能指标有以下五点。

（1）字长

字长是指计算机运算部件一次能同时处理的二进制数据的位数。字长越长，作为存储数据，计算机的运算精度就越高；作为存储指令，计算机的处理能力就越强。通常，字长总是 8 的整倍数，如 8 位、16 位、32 位、64 位等。现如今，64 位的字长技术已经成为目前主流的一种 CPU 计算技术，它具有使计算机的计算能力倍增，支持可以满足任何应用的内存寻址能力。

（2）主频

CPU 的时钟频率是指 CPU 运行时的工作频率，又称为主频，单位为 Hz（赫兹）。通常主频越高，CPU 的运算速度越快，CPU 主频的高低主要取决于它的外频和倍频，它们的关系为：主频＝外频×倍频。任意改变 CPU 的外频或倍频都会改变 CPU 的主频。

外频是指 CPU 的基准频率，代表 CPU 和计算机其他部件之间同步运行的速度，单位为 Hz（赫兹）。外频越高，CPU 的处理能力就越强。

倍频又叫倍频系数，是指 CPU 主频与外频之间的比值。从理论上讲，在外频不变的情况下，倍频越大，CPU 的实际频率就越高，运算速度也就越快。目前的 CPU 大都锁定了倍频，人们常说的"超频"主要就是通过修改外频来提高 CPU 的主频。

（3）多核心技术

所谓多核心处理器，简单地说，就是在一块 CPU 基板上集成多个处理器核心，并通过并行总线将各处理器核心连接起来。

目前，CPU 已经朝着多核心、高性能、低功耗方向发展，与单纯地提高 CPU 频率相比，采用多核心技术的 CPU 更具优势。

（4）前端总线频率

前端总线是 CPU 与主板北桥芯片或内存控制器之间的数据通道，也是 CPU 与外界进行交换数据的主要通道，它们之间的传输速度被称为前端总线频率，前端总线频率越大，CPU 与北桥芯片之间的数据传输能力越强。

（5）高速缓存

CPU 的高速缓存是内置在 CPU 中的一种临时存储器，读写速度比内存快，它为 CPU 和内存提供了一个高速数据缓冲区。

CPU 读取数据的顺序：先从缓存中寻找，找到后直接进行读取。如果未能找到，才从内存中进行读取。

CPU 的高速缓存一般包括一级缓存、二级缓存和三级缓存三种。一级缓存主要用于暂存操作指令和数据，它对 CPU 的性能影响较大，其容量越大，CPU 的性能也就越高。二级缓存主要用于存放那些 CPU 处理器一级缓存无法存储的临时数据，包括操作指令、程序数据和地址指针等。三级缓存主要是为读取二级缓存后未命中的数据设计的一种缓存。在拥有三级缓存的 CPU 中，只有约 5% 的数据需要从内存中直接调用。不过随着内存延退的降低，CPU 的执行效率大大提高。目前，只有高端 CPU 才有三级缓存。

（二）内存储器

存储器是计算机五大功能部件之三，包括内存储器和外存储器两部分，分别简称为"内存"和"外存"。所谓内、外，主要是根据 CPU 是否可以直接访问为依据进行划分的。CPU 可以直接访问的称为内存，CPU 不可以直接访问的称为外存。

内存是计算机中最重要的配置之一，内存的容量及性能是影响整台计算机性能最重要的因素之一。

1. 内存的概念

内存又称主存，从功能上理解，可以将内存看成内存控制器（一般位于北桥芯片中）与 CPU 之间的桥梁，其特点是存取速度快、存储容量较小，主要存放当前工作中正在运行的程序和数据，并直接与 CPU 交换信息。内存储器由许多存储单元组成，每个存储单元能存放一个二进制数，或由二进制编码表示的指令。内存储器按工作方式的不同，可以分为随机存储器（Random Access Memory，RAM）和只读存储器（Read Only Memory，ROM）。

RAM 是可读、写的寄存器，在计算机断电后，RAM 中的信息将丢失。RAM 又分为静态 RAM 和动态 RAM。静态 RAM 的特点是只要存储单元上加有工作电压，其上面存储的信息就会保持。动态 RAM 是利用 MOS 管极间电容保存信息，随着电容的漏电，信息将会逐渐丢失。因此为了补偿信息的丢失，每隔一定时间需要对存储单元进行信息刷新。

根据组成元件的不同，RAM 内存又分为以下四种。

①DRAM（Dynamic RAM，动态随机存储器）：这是最普通的 RAM，一个电子管与一个电容器组成一个位存储单元，DRAM 将每个内存位作为一个电荷保存在位存储单元中，用电容的充放电来做存储动作，但因电容本身有漏电问题，因此必须每几微秒就要刷新一次，否则数据会丢失。存取时间和放电时间一致，为 2~4ms。因为成本比较便宜，通常都用作计算机内的主存储器。

②SRAM（Static RAM，静态随机存储器）：静态指的是内存中的数据可以长驻其中而不需要随时进行存取。每六个电子管组成一个位存储单元，因为没有电容器，因此无须不断充电即可正常运作，因此它会比一般的动态随机处理内存的处理速度更快、更稳定，往往用来做高速缓存。

③SDRAM（Synchronous DRAM，同步动态随机存储器）：这是一种与 CPU 实现外频 Clock 同步的内存模式，一般都采用 168Pin 的内存模组，工作电压为3.3V。所谓 Clock 同步是指内存能够与 CPU 同步存取资料，这样可以取消等待周期，减少数据传输的延迟，因此可提升计算机的性能和效率。

④DDR（Double Data Rate，二倍速率同步动态随机存储器）：作为 SDRAM的换代产品，它具有两大特点：其一，速度比 SDRAM 提高了一倍；其二，采用了 DLL（Delay Locked Loop，延时锁定回路）提供一个数据滤波信号。这是目前内存市场上的主流模式。

ROM 是一种内容只能读出，不能写入和修改的存储器。其存储的信息一旦被写入就固定不变，具有永久保存的特点。因此在计算机中，ROM 一般用于存放基本的输入、输出控制程序，即 BIOS、自检程序等。

根据组成元件的不同，ROM 内存又分为以下五种。

①MASK ROM（掩模型只读存储器）：内存制造商为了大量生产 ROM 内存，需要先制作一个有原始数据的 ROM 或 EPROM 作为样本，然后再大量复制，该样本就是 MASK ROM，而刻录在 MASK ROM 中的资料永远无法修改。

②PROM（Programmable ROM，可编程只读存储器）：这是一种可以用刻录机将资料写入的 ROM 内存，但只能写入一次，所以也被称为"一次可编程只读存储器（One Time Programming ROM，OTP-ROM）"。PROM 在出厂时，存储的内容全为 1，用户可以根据需要将其中的某些单元写入数据 0（部分 PROM 在出厂时数据全为 0，用户可以将其中的部分单元写入 1），以实现对其"编程"的目的。

③EPROM（Erasable Programmable，可擦可编程只读存储器）：这是一种具有可擦除功能，擦除后即可进行再编程的 ROM 内存，写入前必须先把其中的内容用紫外线照射其 IC 卡上的透明视窗的方式来清除掉。这一类芯片比较容易识别，其封装中包含"石英玻璃窗"，一个编程后的 EPROM 芯片的"石英玻璃窗"

一般使用黑色不干胶纸盖住，以防止遭到阳光直射。

④EEPROM（Electrically Erasable Programmable，电可擦可编程只读存储器）：功能和使用方式与 EPROM 一样，不同之处是清除数据的方式，它是以约 20 V 的电压来进行清除的。另外，它还可以用电信号进行数据写入。这类 ROM 内存多应用于即插即用接口中。

⑤Flash Memory（快闪存储器）：这是一种可以直接在主机板上修改内容而不需要将 IC 拔下的内存，当电源关掉后存储在其中的资料并不会丢掉，在写入资料时必须先将原本的资料清除，然后才能再写入新的资料，缺点为写入资料的速度慢。

2. 内存的主要性能指标

（1）内存容量

内存容量是指该内存的存储容量，是内存的关键性参数。内存容量以兆字节或吉字节作为单位。内存的容量一般都是 2 的整次方，如 512MB、1GB、2GB、4GB、8GB 等，一般而言，内存容量越大越有利于系统的运行。

系统对内存的识别以 B（字节）为单位，每个字节由 8 位二进制数组成，即 8bit。按照计算机的二进制方式，1B = 8bit，1KB = 1024B，1MB = 1024KB，1GB = 1024MB，1TB = 1024GB。

系统中内存的数量等于插在主板内存插槽上所有内存条容量的总和，内存容量的上限一般由主板芯片组和内存插槽决定。不同主板芯片组可以支持的容量不同，比如，Intel 的 810 和 815 系列芯片组最高支持 512MB 内存，多余的部分无法识别。

（2）内存的数据带宽

内存的数据宽度是指内存同时传送数据的位数，单位为 bit（位），通常是一个定值。目前，主流内存的数据宽度均为 64 位，早期的内存有 8 位或 32 位。从理论上看，数据带宽越大，内存的传输速率越快。

3. 奇偶校验

为检验存取数据是否准确无误，内存中每 8 位容量配备 1 位作为奇偶校验位，并配合主板的奇偶校验电路对存取的数据进行正确校验。不过，在实际使用中有无奇偶校验位，对系统性能并没有什么影响，所以目前大多数内存已不再加装校验芯片。

4. 现代内存技术

在组成计算机的各个部件中，内存是技术更新最快、价格波动最大的一款硬件，从开始的 SDrM 到 DDr1、DDr2、DDr3，到现在的 DDr4、DDr5。

DDr2 可以看成 DDr 技术标准的一种升级和扩展。DDr 的核心频率与时钟频率相等，但数据频率为时钟频率的两倍，也就是在一个时钟周期内必须传送两次数据。DDr2 采用"4 位预取"机制，核心频率仅为时钟频率的一半，时钟频率为数据频率的一半，即核心频率还在 200MHz，DDr2 内存的数据频率也能达到 800MHz，也就是所谓的 DDr800。

由于 DDr2 内存也存在各种不足，制约了其进一步的广泛应用。这时，DDr3 的出现解决了 DDr2 内存存在的问题，具有更高的外部数据传输速率、更先进的地址/命令与控制总线的拓扑架构，并在保证性能的同时将功耗进一步降低。

5. DDr2 和 DDr5 的比较

第一代 DDr 很难通过常规办法提高内存的工作速度。随着 Intel 最新处理器技术的发展，前端总线对内存带宽的要求越来越高，拥有更高、更稳定的运行频率的 DDr2、DDr5 将是大势所趋。

（三）外存储器——硬盘

硬盘是计算机主要的存储媒介，作为外存储器的一种。与内存储器相比，外存储器的特点是存储量大、价格较低，而且在断电的情况下也可以长期保存信息，所以又称为永久性存储器。

1. 计算机的三级存储体系

在计算机世界中，辩证法一直存在。就内存和外存而言，前者速度快但容量小，而后者容量大但速度慢。而人们的期望是速度快且容量大，但无论哪种材料都无法做到速度与容量兼顾。

同样的问题存在于 CPU 与内存之间。随着 CPU 制作工艺的进步，CPU 的运算速度有了大幅提高，与此同时，内存的速度虽有提高，却远远落后于 CPU 的速度，导致 CPU 的大量时间处于空置状态。如何弥补 CPU 和内存之间的速度差异呢？

为了解决上面两组矛盾，在计算机中采取了由 Cache、内存、外存三级存储设备构成的存储体系，以期使 CPU 和内存速度能匹配，同时在存储器上获得高速度与高容量的双重目标。

为了能匹配 CPU 的速度，在 CPU 中引入了存取速度非常快的 Cache。计算机根据预测算法，会提前将一部分数据和程序从内存调入 Cache。当 CPU 工作时，如果需要的数据和程序在 Cache 中，则从 Cache 中直接取用；若不在 Cache 中，则要向内存发出指令，读取数据。这样 CPU 大部分时间是从 Cache 读取数据的，从而解决了 CPU 与内存速度不匹配的问题。

相对而言，Cache 的速度比内存要快很多，但同时容量也小很多，因此能调入 Cache 的数据量非常有限。所以，Cache 与内存中的数据要不断地进行调入、调出的工作，这要依赖一个好的预测算法。一个好的预测算法应保证大部分需要运行的数据和程序都能提前调入 Cache 中。

同样的道理适用于内存和外存。三级存储体系的构建使得 CPU 能以 Cache 的存取速度，享用外存级别的存储容量，从而达到速度与容量的统一。

2. 机械硬盘的工作原理

机械硬盘由一组重叠的盘片组成，存储数据是通过一种称为磁盘驱动器的机械装置对磁盘的盘片进行读/写而实现的。存储数据称为写磁盘；取数据称为读磁盘。

当前的主流内置机械硬盘多采用温切斯特架构，由头盘组件与印制电路板组件组成。温氏硬盘是一种可移动头固定盘片的磁盘存储器，其盘片及磁头均密封在金属盒中，构成一体，不可拆卸，金属盒内是高纯度气体。硬盘工作期间，磁头悬浮在盘片上面，这个悬浮是靠一个飞机头来保持平衡的。飞机头与盘片保持一个适当的角度，高速旋转的时候，用气体的托力，就像飞机在飞行一样，而磁头与盘片的距离一般在 0.15μm 左右。

为了能在盘面的指定区域读/写数据，必须将每个磁盘面划分为数目相等的同心圆，称为磁道；每个磁道又等分成若干个弧段，称为扇区。磁道按径向从外向内，依次从 0 开始编号，盘片组中相同编号的磁道形成了一个假想的圆柱，称为硬盘的柱面。显然，柱面数等于盘面上的磁道数。每个盘面有一个径向可移动的读/写磁头，自然，磁头数就是构成柱面的盘面数。通常，一个扇区的容量为

512B。与主机交换信息是以扇区为单位进行的，所以硬盘的容量计算公式是：

硬盘的容量=柱面数（C）×磁头数（H）×扇区数（S）×512B （1-1）

传统机械硬盘由于其造价低廉、存储容量巨大、可靠性高等不可替代的优势，现今仍旧在计算机存储领域占据一席之地。

3. 固态硬盘

固态硬盘（Solid State Drives，SSD）又称固盘，是用固态电子存储芯片阵列而制成的硬盘，由控制单元和存储单元组成。在接口的规范和定义、功能及使用方法上与机械硬盘相同，在产品外形和尺寸上也与机械硬盘一致。固态硬盘的存储介质分为闪存（FLASH 芯片）、DRAM 两种。其芯片的工作温度范围很宽：商规产品 0℃～70℃；工规产品-40℃～85℃。由于固态硬盘技术与机械硬盘技术不同，所以产生了不少新兴的存储器厂商。

固态硬盘由于没有机械部件，而且主控和颗粒之间的信息传递效率非常高，固态硬盘的读取速度可以达到机械硬盘的数倍，对于单个大文件，SATA 接口的固态硬盘通常能达到 500MB/s 的读取速度，NVMe 规格的固态硬盘通常每秒能过 6000MB。对于读取大量散落的文件，固态硬盘更加能秒杀机械硬盘，由于机械硬盘等需要机械结构的存储设备需要寻道，而 SSD 不需要，从而可以体现出巨大的效率，可以达到传统硬盘读取速度的 50～1000 倍。

固态硬盘具备相当高的数据安全性，并且在噪声、便携性等方面都有硬盘所无法媲美的优势，在航空航天、军事、金融、电信、电子商务等部门中都有广泛的应用。

4. 硬盘的接口

硬盘接口是硬盘与主机系统间的连接部件，作用是在硬盘缓存和主机内存之间传输数据。不同的硬盘接口决定着硬盘与计算机之间的连接速度，在整个系统中，硬盘接口的优劣直接影响程序运行快慢和系统性能的好坏。常见的硬盘接口有以下两种：

①SATA1/2/3 接口。它是目前主流的硬盘接口技术，使用 SATA 接口的硬盘又叫串口硬盘。SATA 总线与以往相比，最大的区别在于能对传输指令进行检查，发现错误会自动矫正，这在很大程度上提高了数据传输的可靠性。另外，串行接口还具有结构简单、支持热插拔的优点。

②PC1-E（NVMe）接口。PCI-Express 是一种高速串行计算机扩展总线标准。属于高速串行点对点双通道高带宽传输，所连接的设备分配独享通道带宽，不共享总线带宽。PCI-E 有两种存在形式：M.2 接口通道形式和 PCI-E 标准插槽。PCI-E 可拓展性强，可以支持的设备有显卡、固态硬盘（PCI-E 接口形式）、无线网卡、有线网卡、声卡、视频采集卡、PCI-E 转接 M.2 接口、PCI-E 转接 USB 接口、PCI-E 转接 Tpye-C 接口等。

5. 硬盘的主要性能指标

（1）硬盘的转速

硬盘转速是指机械硬盘主轴电动机的转动速度，一般用每分钟多少转来表示（r/min），硬盘的主轴电动机带动盘片高速旋转，产生浮力使磁头飘浮在盘片上方。要将所要存取资料的扇区带到磁头下方，转速越快，等待时间也就越短。随着硬盘容量的不断增大，硬盘的转速也在不断提高。然而，转速的提高也带来了磨损加剧、温度升高、噪声增大等一系列负面影响。

（2）硬盘的数据传输速率

数据传输速率包括外部数据传输速率和内部数据传输速率两种，人们常说的 ATA100 中的 100 就代表着这块硬盘的外部数据传输速率理论值是 100MB/s，指的是计算机通过数据总线从硬盘内部缓存区中所读取数据的最高速率。而内部数据传输速率可能并不被大家所熟知，但它才是一块硬盘性能好坏的重要指标，它指的是磁头至硬盘缓存间的数据传输速率。

（3）硬盘缓存

缓存是硬盘与外部总线交换数据的场所。硬盘读数据的过程是将要读取的资料存入缓存，等缓存中填充满数据或者要读取的数据全部读完后再从缓存中以外部数据传输速率传向硬盘外的数据总线。可以说，它起到了内部和外部数据传输的平衡作用。可见，缓存的作用是相当重要的。目前主流硬盘的缓存主要有 32MB 和 64MB 两种。

（4）平均寻道时间

平均寻道时间指的是从硬盘接到相应指令开始到磁头移到指定磁道为止所用的平均时间，单位为毫秒（ms），这是机械硬盘一个非常重要的指标。

（5）质保

硬盘是存储数据的地方，同时它也是一个比较脆弱的硬件，损坏之后恢复数据相当麻烦，因此购买时最好选择一些知名度较高的品牌，如希捷、西部数据等。

（四）主板

计算机除了基本的五大功能部件外，还有一些比较重要的组成部件，如主板、显卡、机箱、电源、光驱等。

主板是计算机主机箱内最大的一块集成电路板，它负责将计算机五大功能部件有机地整合在一起，它的性能影响着整台计算机的性能。一块好的主板是CPU、内存、硬盘等硬件可以高效工作的保证。

1. 主板的 ATX/M-ATX/ITX 结构

所谓主板结构就是根据主板上各元器件的布局排列方式、尺寸大小、形状、所使用的电源规格等制定出的通用标准，所有主板厂商都必须遵循。

ATX/M-ATX 是目前市场上最常见的主板结构，该结构规范是 Intel 公司提出的一种主板标准，根据主板上 CPU、RAM、长短卡的位置而设计出来的，其中将CPU、外接槽、RAM、电源插头的位置固定，同时，配合 ATX/M-ATX 的机箱和电源，就能在理论上解决硬件散热的问题，为安装、扩展硬件提供了方便。

2. 主板的插槽和接口

现代主板技术已非常成熟，几乎都是模块化的设计。拿 10 种或 20 种主板研究一下，它们差不多是相同的，分为许多个功能块，每个功能块由一些芯片或元件来完成。万变不离其宗，大致说来，主板由以下几部分组成：主板芯片组、CPU 插槽、内存插槽、高速缓存局域总线和扩展总线硬盘、串口、并口等外设接口、时钟和 CMoS 主板、BIoS 控制芯片。

（1）主板芯片组

传统芯片组是主板的核心组成部分，按照在主板上排列位置的不同，通常分为北桥芯片和南桥芯片，其中北桥芯片是主桥，可以和不同的南桥芯片进行搭配使用，以实现不同的功能与性能。北桥芯片一般提供对 CPU 的类型和主频、内存的类型和最大容量、PCI/PCI-E 插槽、ECC 纠错等支持，通常在主板上靠近

CPU 插槽的位置，由于此类芯片的发热量一般较高，所以在此芯片上装有散热片。南桥芯片主要用来与 I/O 设备相连，并负责管理中断及 DMA 通道，让设备工作得更顺畅，其提供对 KBC（键盘控制器）、RTC（实时时钟控制器）、USB（通用串行总线）、Ultra DMA EIDE、SATA 数据传输方式和 ACPI（高级能源管理）等的支持，其在靠近 PCI 槽的位置。近年新型主板大都只有南桥芯片，北桥芯片的主要功能已集成进了 CPU 内部。

（2）CPU 插槽

CPU 插槽就是主板上安装处理器的地方。由于集成化程度和制作工艺的不断提高，越来越多的功能被集成在 CPU 上。为了使 CPU 安装更加方便，现在的 CPU 插槽基本上采用零插槽式设计。

（3）内存插槽

内存插槽是主板上用来安装内存的地方。目前常见的内存插槽为 DDr2、DDr3、DDr4、DDr5，其他的还有早期的 DDr 和 SDRAM 内存插槽。需要说明的是，不同的内存插槽的引脚、电压、性能功能都是不尽相同的，不同的内存在不同的内存插槽上不能互换使用。

（4）PCI 插槽

PCI 总线插槽是由 Intel 公司推出的一种局部总线。它定义了 32 位数据总线，且可扩展为 64 位。它为显卡、声卡、网卡、电视卡、Modem 等设备提供了连接接口，它的基本工作频率为 33MHz，最大传输速率可达 132MB/s。

（5）PCI-E/NVMe 插槽

PCI-E 插槽是最新的总线和接口标准。它的主要优势就是数据传输速率高，目前最高可达到 10GB/s 以上，而且还有相当大的发展潜力。PCI-E 插槽也有多种规格，从 PCI-E1X 到 PCI-E4.0，能满足现在低速设备和高速设备的需求。

NVMe 是一种高性能、NUMA（非统一内存访问）优化的、高度可扩展的存储协议，用于连接主机和内存子系统。NVMe 是专门为 NAND、闪存等非易失性存储设计的，NVMe 协议建立在高速 PCIe 通道上。

（6）SATA 接口

现在主板都提供了 Serial ATA（SATA）即串行 ATA 插槽。SATA 以连续串行的方式传送数据，一次只会传送 1 位数据，这样能减少 SATA 接口的针脚数目，使连接电缆数目变少，效率也会更高。SATA3.0 最高可实现 600MB/s 的数据传输速率。

（7）电源插口及主板供电部分

电源插座标准为 ATX 结构，主要有 20 针插座和 24 针插座两种，有的主板上同时兼容这两种插座。在电源插座附近一般还有主板的供电及稳压电路。

（8）BIoS 及电池

BIoS（Basic Input/output System，基本输入/输出系统）是一块装入了启动和自检程序的 EPROM 或 EEPROM 集成块。实际上它是被固化在计算机 ROM（只读存储器）芯片上的一组程序，为计算机提供最低级的、最直接的硬件控制与支持。除此之外，在 BIoS 芯片附近一般还有一块电池组件，它为 BIoS 提供了启动时需要的电流。

（9）机箱前置面板接头

机箱前置面板接头是主板用来连接机箱上的电源开关、系统复位、硬盘电源指示灯等排线的地方。

（10）外部接口

ATX 主板的外部接口都是统一集成在主板后半部的。现在的主板一般都符合 PC99 规范，也就是用不同的颜色表示不同的接口如 USB Type-A/Type-c 通用接口可接键盘、鼠标、闪存盘、打印机等外设，HDMI/DP/DVI 可接显示器，RJ/45 接口连接网线，3.5 寸接口连接音箱/麦克风等。

（五）显卡

显卡又称为视频卡、视频适配器、图形卡、图形适配器和显示适配器等。它是主机与显示器之间连接的"桥梁"，作用是控制计算机的图形输出，负责将 CPU 送来的影像数据处理成显示器能够识别的格式，再送到显示器形成图像。

1. 显卡的概念

显卡分为 ISA 显卡、PCI 显卡、AGP 显卡、PCI-E 显卡等类型，ISA 显卡、PCI 显卡、AGP 显卡已淘汰，PCI-E 显卡是主流的显卡。现在也有主板或 CPU 是集成显卡的。

每一块显卡基本上都是由"显示主芯片""显示缓存"（以下简称"显存"）、BIoS、数字/模拟转换器（RAMDAC）、"显卡的接口"及卡上的电容、电阻等组成。多功能显卡还配备了视频输出以及输入，供特殊需要。随着技术的发展，目前大多数显卡将 RAMDAC 集成到主芯片中。

2. 显卡的主要性能指标

显卡的性能取决于以下四个参数。

（1）核心（GPU）：运算能力

GPU 是显卡的"大脑"，它决定了该显卡的档次和大部分性能，同时也是 2D 显卡和 3D 显卡的区别依据。

（2）显存位宽：传输能力

显存位宽是显存在一个时钟周期内所能传送数据的位数，位数越大则瞬间所能传输的数据量越大，这是显存的重要参数之一。目前，市场上的显存位宽有 64 位、128 位和 256 位三种，人们习惯上所说的 64 位显卡、128 位显卡和 256 位显卡就是指其相应的显存位宽。

（3）显存容量：存储能力

显存容量与内存容量同理。这个参数对显卡的性能影响是最小的，提升到一定程度的容量后再提升对性能的提升不大，因为 GPU 处理的速度是有限的，就算显存足够大，把数据放在那里也是没有意义的。

（4）制作工艺：功耗

制作工艺是指内部晶体管和晶体管之间的距离，制作工艺越小集成度越高，功耗和发热也越小。目前主流的工艺是 5~10nm，这个参数并不影响性能，只是与功耗有关而已。

3. 显卡的选择

常见的生产显示芯片的厂商有 Intel、AMD、nVidia。其中，Intel 主要生产集成芯片；AMD、nVidia 以独立芯片为主，是市场上的主流。

（六）机箱和电源

机箱的质量和设计对于用户日后的使用起到至关重要的作用，而电源更为重要，是一台整机的命脉，它提供给整机赖以生存的电力。对机箱和电源来说，虽然价格便宜，但它们所占的地位却举足轻重。

1. 机箱的选购技巧

（1）机箱的类型

机箱有很多种类型，目前最为常见的是 ATX、M-ATX、ITX 三种。ATX 机箱支持现在绝大部分类型的主板。M-ATX、ITX 机箱是出于进一步节省桌面空间的目的，在 ATX 机箱的基础之上建立的，比 ATX 机箱体积小。

各个类型的机箱只能安装其支持的类型的主板，一般是不能混用的，而且电源也有所差别，所以选购时一定要选择匹配的板卡类型。在选择时根据自己的实际需求进行选择。最好以标准立式 ATX 机箱为主，因为它空间大，安装槽多，扩展性好，通风条件也不错，完全能适应日常的需要。

（2）拆装设计

目前，在很多机箱上都有安装和拆卸配件时的免工具设计，比如侧板采用手拧螺钉固定、板卡采用免螺钉固定、机箱前面板加装 USB 接口等。需要注意的是，某些设计虽然给使用者带来了便利，但是也有可能会对机箱整体结构强度造成负面影响。例如，较软的硬盘托盘不能给硬盘提供稳定的工作环境等，应在购买时综合考虑。

（3）散热设计

合理的散热结构更是关系到计算机能否稳定工作的重要因素。高温是电子产品的杀手，过高的温度会导致系统不稳定、加快零件的老化。目前，最有效的机箱散热解决方法是为大多数机箱所采用的双程式互动散热通道：外部低温空气由机箱前部进入机箱，经过南桥芯片、各种板卡、北桥芯片，最后到达 CPU 附近。在经过 CPU 散热器后，一部分空气从机箱后部的排气风扇抽出机箱，另外一部分从电源底部或后部进入电源，为电源散热后，再由电源风扇排出机箱。

（4）机箱材质

机箱的外壳通常是由钢板构成，并在外面镀了一层锌。较好的机箱出于坚固的考虑，外壳钢板厚度通常要求在 1mm 以上，当然也不是越厚越好，钢板过厚会使机箱整体重量和成本增加。此外，机箱表面烤漆是否均匀、边缘切口是否圆滑（一些劣质机箱的外壳边缘很容易划伤皮肤）、外壳是否容易变形也需要注意。

2. 电源的选购技巧

（1）电源的实际功率

电源功率的计算方法是电压乘以电流，功率是选购电源时的第一参数。电源是计算机工作的动力源泉，功率不合适的电源会使计算机无法稳定运行，劣质电源甚至可能对计算机造成伤害，运行程序时莫名其妙地死机或蓝屏，会引起屏幕边缘出现波浪状现象，有时显示器所显示的字符也会出现晃动。

（2）电源的各种认证

看清认证信息是选购电源时的一个重要步骤。评定一款电源的品质，可首先查看其是否通过了必要的安全认证。一般来说，获得认证项目越多的电源质量越可靠。虽然很多认证都不是必需的，但是有一个认证是必需的，那就是在目前市场中销售的电源都必须通过国家强制性3C认证后才能进行销售。3C即CCC，全称"中国国家强制性产品认证"，目前我国规定了四种3C认证：安全认证、消防认证、电磁兼容认证、安全与电磁兼容认证。只有同时获取安全及电磁兼容认证的产品，才会被授予CCC（S&E）标志，这才是真正意义上的3C认证。

（3）电源重量

通过重量往往能观察出电源是否符合规格，一般来说，好的电源外壳一般都使用优质钢材，材质好、质厚，所以较重的电源材质都较好。电源内部的零件，比如变压器、散热片等，同样是重的比较好。好电源使用的散热片应为铝制甚至铜制的散热片，而且体积越大散热效果越好。一般散热片都做成梳状，齿越深，分得越开，厚度越大，散热效果越好。基本上，很难在不拆开电源的情况下看清散热片，所以直观的办法就是从重量上去判断。好的电源一般会增加一些元件，以提高安全系数，所以重量自然会有所增加。劣质电源则会省掉一些电容和线圈，重量比较轻。

（4）风扇

风扇在电源工作过程中，对于配置的散热起着重要的作用。一般的PC电源会用的风扇有两种规格：油封轴承和滚珠轴承. 前者比较安静，但后者的寿命较长。此外，有的优质电源会采用双风扇设计。

（5）线材和散热孔

电源所使用的线材粗细，与它的耐用度有很大的关系。较细的线材长时间使用，常常会因过热而烧毁。另外，电源外壳上面或多或少都有散热孔，电源在工作的过程中，温度会不断升高，除了通过电源内附的风扇散热外，散热孔也是加大空气对流的重要设施。原则上电源的散热孔面积越大越好，但是要注意散热孔的位置，位置放对才能使电源内部的热气及早排出。

（七）光驱

光驱是计算机用来读/写光盘内容的机器，是计算机中比较常见的一种配件。光驱可分为 CD-ROM 驱动器、DVD 光驱（DVD-ROM）、康宝（CoMBo）、蓝光光驱（BD-ROM）和刻录机等。

光盘是以光信息作为存储的载体并用来存储数据的一种物品。光盘分为两种不可擦写光盘，如 CD-ROM、DVD-ROM 等；可擦写光盘，如 CD-RW、DVD-RW 等。

随着网络的发展，硬盘、U 盘等存储设备价格的不断降低，光盘由于其读写速度受限、工作噪声高、盘片脆弱易损坏等缺陷，已经渐渐淡出了人们的视野，几乎所有的笔记本电脑都省略了光驱这一硬件。但是作为一种历史悠久的存储设备，光盘在特定领域还是具备着不可替代的优势，那就是数据密度极大和超长的寿命。光盘的存储原理是在盘片金属层用激光"刻"下的物理痕迹，这种痕迹本身几乎不会老化，很难因为环境的温度而发生变化。如果没有反复读取造成损耗，光盘一旦刻录完成，信息的存储寿命就几乎是永久性的。因此，对需要将数据进行低功耗、长久保存的企业和个人来说，光盘保存数据仍旧是一个最优的选择。

二、计算机软件

计算机软件又称计算机程序，是控制计算机实现用户需求的计算机操作，以及管理计算机自身资源的指令集合，是指在硬件上运行的程序和相关的数据及文档，是计算机系统中不可缺少的主要组成部分，可分成两大部分：系统软件和应用软件。

（一）系统软件

系统软件是计算机最基本的软件，它负责实现操作者对计算机最基本的操作，管理计算机的软件与硬件资源具有通用性，主要由计算机厂家和软件开发公司提供。主要包括操作系统、语言处理程序、数据库管理系统和服务程序。

1. 操作系统

操作系统是控制和管理计算机的软硬件资源、合理安排计算机的工作流程，以及方便用户的一组软件集合，是用户和计算机的接口，Windows 是当前应用最为广泛的操作系统。

2. 语言处理程序

语言处理程序是用汇编语言和高级语言编写的源程序翻译成机器语言目标程序的程序。

汇编程序将用汇编语言编写的程序（源程序）翻译成机器语言程序（目标程序），这一翻译过程称为汇编。

对汇编语言而言，通常是将一条汇编语言指令翻译成一条机器语言指令，但对编译而言，往往需要将一条高级语言的语句转换成若干条机器语言指令。高级语言的结构比汇编语言的结构复杂得多。

解释程序是边扫描边翻译边执行的翻译程序，解释过程不产生目标程序。解释程序将源语一句一句读入，对每个语句进行分析和解释。

总之，语言处理程序采用以下两种方式工作。

①编译方式：把高级语言源程序整个翻译成目标程序。

②解释方式：把高级语言源程序的语句逐条解释执行，但是不产生目标程序。

3. 数据库管理系统

数据库管理系统是对计算机中所存储的大量数据进行组织、管理、查询并提供一定处理功能的大型计算机软件。数据库管理系统（DataBase Management System，DBMS）是一种操纵和管理数据库的大型软件，用于建立、使用和维护数据库。它对数据库进行统一的管理和控制，以保证数据库的安全性和完整性。用户通过 DBMS 访问数据库中的数据，数据库管理员也通过 DBMS 进行数据库的维护工作。它可使多个应用程序和用户用不同的方法在同时或不同时刻去建立、修改和询问数据库。DBMS 提供了数据定义语言（Data Definition Language，DDL）与数据操作语言（Data Manipulation Language，DML），供用户定义数据库的模式结构与权限约束，实现对数据的追加、删除等操作。

4. 服务程序

服务程序为计算机系统提供了各种服务性、辅助性的程序。

（二）应用软件

应用软件是为解决实际问题所编写的软件的总称，涉及计算机应用的各个领域。绝大多数用户需要使用应用软件，为自己的工作和生活服务。

常用的应用软件有以下五种。

①办公软件：指可以进行文字处理、表格制作、幻灯片制作、简单数据库处理等方面工作的软件。包括微软 office 系列、金山 WPS 系列、永中 office 系列等。办公软件的应用范围很广，大到社会统计，小到会议记录，数字化的办公离不开办公软件的鼎力相助。目前，办公软件朝着操作简单化、功能细化等方向发展。另外，政府用的电子政务、税务用的税务系统、企业用的协同办公软件都叫办公软件，不再限于传统的打字、做表格之类的软件。

②图像处理软件：用于处理图像信息的各种应用软件的总称，专业的图像处理软件有 Adobe 的 Photoshop 系列，基于应用的处理管理、处理软件 Picasa 等，还有国内很实用的大众型软件彩影，非主流软件有美图秀秀，动态图片处理软件有 Ulead GIF Animator、GIF Movie Gear 等。

③媒体播放软件：又称为媒体播放器、媒体播放机，通常是指计算机中用来播放多媒体的播放软件。常见的媒体播放软件有 PowerDVD、Realplayer、Windows Media Player、暴风影音等。

④视频编辑软件：是对视频源进行非线性编辑的软件，软件通过对加入的图片、背景音乐、特效、场景等素材与视频进行重混合，对视频源进行切割、合并，通过二次编码，生成具有不同表现力的新视频。常见的视频编辑软件有 Adobe Premiere、Media Studio Pro、Video Studio 等。

⑤防火墙和杀毒软件：杀毒软件也称为反病毒软件或防毒软件，是用于消除计算机病毒、特洛伊木马和恶意软件的一类软件。杀毒软件通常集成监控识别、病毒扫描和清除及自动升级等功能，有的杀毒软件还带有数据恢复等功能，是计算机防御系统（包含杀毒软件、防火墙、特洛伊木马和其他恶意软件的查杀程

序、入侵预防系统等）的重要组成部分。常见的杀毒软件有金山毒霸、卡巴斯基、江民、瑞星、诺顿、360 安全卫士等。

除此之外，应用软件大家族中的成员数不胜数，具有无限丰富和美好的开发前景。

（三）计算机系统的层次结构

一个完整的计算机系统的硬件和软件是按一定的层次关系组织起来的。系统软件为用户和应用程序提供了控制和访问硬件的手段，只有通过系统软件才能访问硬件，操作系统是系统软件的核心，它紧贴系统硬件之上、所有其他软件之下，是其他软件的共同环境。应用软件位于系统软件的外层，以系统软件作为开发平台。软件系统与硬件系统是不可分割的，只有硬件而没有软件的系统是无法工作的。

第二章　计算机网络与信息安全

第一节　计算机网络与通信

一、计算机网络概述

计算机网络是现代通信技术和计算机技术相结合而发展起来的。

（一）计算机网络的定义

计算机网络，是指将地理位置不同的具有独立功能的多台计算机及其外部设备，通过通信线路连接起来，在网络操作系统、网络管理软件及网络通信协议的管理和协调下，实现资源共享和信息传递的计算机系统。

从逻辑功能上看，计算机网络是以资源共享、传输信息为基础目的，用通信线路将多台计算机连接起来的计算机系统的集合。一个计算机网络的组成包括传输介质和通信设备。

（二）计算机网络的组成与分类

计算机网络通俗地讲就是由多台计算机（或其他计算机网络设备）通过传输介质和软件物理（或逻辑）连接在一起组成的。总的来说，计算机网络的组成基本上包括计算机、网络操作系统、传输介质（可以是有形的，也可以是无形的，如无线网络的传输介质就是空间）及相应的应用软件四部分。

虽然网络类型的划分标准各种各样，但是从地理范围划分是一种大家都认可的通用网络划分标准。按这种标准可以把各种网络类型划分为局域网、城域网、广域网和互联网四种。局域网一般来说只能是一个较小区域；城域网是不同地区的网络互联。不过在此要说明的一点就是，这里的网络划分并没有严格意义上地理范围的区分，只能是一个定性的概念。下面简要介绍这四种计算机网络。

1. 局域网（Local Area Network，LAN）

通常我们常见的"LAN"就是指局域网，这是我们最常见、应用最广的一种网络。局域网随着整个计算机网络技术的发展和提高得到充分的应用和普及，几乎每个单位都有自己的局域网，有的甚至家庭中都有自己的小型局域网。很明显，所谓局域网，那就是在局部地区范围内的网络，它所覆盖的地区范围较小。局域网在计算机数量配置上没有太多的限制，少的可以只有两台，多的可达几百台。一般来说，在企业局域网中，工作站的数量在几十到 200 台次。在网络所涉及的地理距离上一般来说可以是几米至 10 千米以内。局域网一般位于一个建筑物或一个单位内，不存在寻径问题，不包括网络层的应用。这种网络的特点是连接范围窄、用户数少、配置容易、连接速率高。

2. 城域网（Metropolitan Area Network，MAN）

这种网络一般来说是在一个城市，但不在同一地理小区范围内的计算机互联。这种网络的连接距离可以在 10~100km，它采用的是 IEEE 802.6 标准。MAN 与 LAN 相比扩展的距离更长，连接的计算机数量更多，在地理范围上可以说是 LAN 网络的延伸。在一个大型城市或都市地区，一个 MAN 网络通常连接着多个 LAN 网，如连接政府机构的 LAN、医院的 LAN、电信的 LAN、公司企业的 LAN 等。由于光纤连接的引入，使 MAN 中高速的 LAN 互联成为可能。

城域网多采用 ATM 技术做骨干网。ATM 是一个用于数据、语音、视频及多媒体应用程序的高速网络传输方法。ATM 包括一个接口和一个协议，该协议能够在一个常规的传输信道上，在比特率不变及变化的通信量之间进行切换。ATM 也包括硬件、软件及与 ATM 协议标准一致的介质。ATM 提供一个可伸缩的主干基础设施，以便能够适应不同规模、速度以及寻址技术的网络。ATM 的最大缺点就是成本太高，所以一般在政府城域网中应用，如邮政、银行、医院等。

3. 广域网（Wide Area Network，WAN）

这种网络也称为远程网，所覆盖的范围比城域网（MAN）更广，它一般是不同城市之间的 LAN 或者 MAN 网络互联，地理范围可从几百千米到几千千米。因为距离较远，信息衰减比较严重，所以这种网络一般是要租用专线，通过 IMP（接口信息处理）协议和线路连接起来，构成网状结构，解决循径问题。

4. 互联网

互联网是网络之间所串联成的庞大网络，这些网络以一组通用的协议相连，形成逻辑上的单一巨大国际网络。通常 internet 泛指互联网，而 Internet 则特指因特网。这种将计算机网络互相连接在一起的方法可称作"网络互联"，在这基础之上发展出覆盖全世界的全球性互联网络称为互联网，即互相连接在一起的网络结构。互联网是世界上最大的广域网。

（三）计算机网络的性能

计算机网络的性能一般是指它的几个重要的性能指标。但除了这些重要的性能指标外，还有一些非性能特征，它们对计算机网络的性能也有很大的影响。

1. 计算机网络的性能指标

性能指标从不同的方面来度量计算机网络的性能。

（1）速率

计算机发送出的信号都是数字形式的。比特是计算机中数据量的单位，也是信息论中使用的信息量的单位。英文字 bit 来源于 binary digit，意思是一个"二进制数字"，因此一个比特就是二进制数字中的一个 1 或 0。网络技术中的速率指的是连接在计算机网络上的主机在数字信道上传送数据的速率，也称为数据率或比特率。速率是计算机网络中最重要的一个性能指标。速率的单位是 bit/s 或 b/s（比特每秒，即 bit per second）。现在人们常用更简单的并且是很不严格的记法来描述网络的速率，如 100M 以太网，它省略了单位中的 b/s，意思是速率为 100Mb/s 的以太网。

（2）带宽

"带宽"有以下两种不同的意义。

①带宽本来是指某个信号具有的频带宽度。信号的带宽是指该信号所包含的各种不同频率成分所占据的频率范围。例如，在传统的通信线路上传送的电话信号的标准带宽是 3.1kHz（从 300Hz 到 3.4kHz，即语音的主要成分的频率范围）。这种意义的带宽的单位是赫（或千赫、兆赫、吉赫等）。

②在计算机网络中，带宽用来表示网络的通信线路所能传送数据的能力，因此网络带宽表示在单位时间内从网络中的某一点到另一点所能通过的"最高数据

率"。这里一般说到的"带宽"就是指这个意思。这种意义的带宽的单位是"比特/秒",记为 bit/s 或 b/s 或 bps。

（3）吞吐量

吞吐量表示在单位时间内通过某个网络（或信道、接口）的数据量。吞吐量常用于对现实世界中的网络的一种测量,以便知道实际上到底有多少数据能够通过网络。显然,吞吐量受网络的带宽或网络的额定速率的限制。例如,对于一个 100Mb/s 的以太网,其额定速率是 100Mb/s,那么这个数值也是该以太网的吞吐量的绝对上限值。因此,对 100Mb/s 的以太网,其典型的吞吐量可能也只有70Mb/s。有时吞吐量还可用每秒传送的字节数或帧数来表示。

（4）时延

时延是指数据（一个报文或分组,甚至比特）从网络（或链路）的一端传送到另一端所需的时间。时延是个很重要的性能指标,它有时也称为延迟或迟延。网络中的时延是由以下四个不同的部分组成的。

①发送时延。发送时延是主机或路由器发送数据帧所需要的时间,也就是从发送数据帧的第一个比特算起,到该帧的最后一个比特发送完毕所需的时间。

②传播时延。传播时延是电磁波在信道中传播一定的距离需要花费的时间。

③处理时延。主机或路由器在收到分组时要花费一定的时间进行处理,例如,分析分组的首部,从分组中提取数据部分,进行差错检验或查找适当的路由等,这就产生了处理时延。

④排队时延。分组在经过网络传输时,要经过许多的路由器。但分组在进入路由器后要先在输入队列中排队等待处理。在路由器确定了转发接口后,还要在输出队列中排队等待转发。这就产生了排队时延。

（5）时延带宽积

把以上讨论的网络性能的两个度量传播时延和带宽相乘,就得到另一个很有用的度量——传播时延带宽积,即

$$时延带宽积=传播时延×带宽 \quad （2-1）$$

（6）往返时间（rIT）

在计算机网络中,往返时间也是一个重要的性能指标,它表示从发送方发送数据开始,到发送方收到来自接收方的确认（接收方收到数据后便立即发送确

认）总共经历的时间。当使用卫星通信时，往返时间（rTT）相对较长，大概数据在540ms。

（7）利用率

利用率有信道利用率和网络利用率两种。信道利用率指某信道有百分之几的时间是被利用的（有数据通过），完全空闲的信道的利用率是零。网络利用率是全网络的信道利用率的加权平均值。

2. 计算机网络的非性能特征

（1）费用

即网络的价格（包括设计和实现的费用）。网络的性能与其价格密切相关。一般说来，网络的速率越高，其价格也越高。

（2）质量

网络的质量取决于网络中所有构件的质量，以及这些构件是怎样组成网络的。网络的质量影响到很多方面，如网络的可靠性、网络管理的简易性，以及网络的一些性能。但网络的性能与网络的质量并不是一回事，例如，有些性能也还可以的网络，运行一段时间后就出现了故障，变得无法再继续工作，说明其质量不好。高质量的网络往往价格也较高。

（3）标准化

网络的硬件和软件的设计既可以按照通用的国际标准，也可以遵循特定的专用网络标准。最好采用国际标准的设计，这样可以得到更好的互操作性，更易于升级换代和维修，也更容易得到技术上的支持。

（4）可靠性

可靠性与网络的质量和性能都有密切关系。速率更高的网络，其可靠性不一定会更差。但速率更高的网络要可靠地运行，则往往更加困难，同时所需的费用也会较高。

（5）可扩展性和可升级性

网络在构造时就应当考虑到今后可能会需要扩展（规模扩大）和升级（性能和版本的提高）。网络的性能越高，其扩展费用往往也越高，难度也会相应增加。

（6）易于管理和维护

网络如果没有良好的管理和维护，就很难达到和保持所设计的性能。

二、计算机网络通信协议

要想让两台计算机进行通信，必须使它们采用相同的信息交换规则。我们把在计算机网络中用于规定信息的格式，以及如何发送和接收信息的一套规则称为网络协议或通信协议。

（一）网络协议体系结构

为了减少网络协议设计的复杂性，网络设计者并不是设计一个单一、巨大的协议来为所有形式的通信规定完整的细节，而是采用把通信问题划分为许多个小问题，然后为每个小问题设计一个单独的协议的方法。这样做使得每个协议的设计、分析、编码和测试都比较容易。分层模型是一种用于开发网络协议的设计方法。本质上，分层模型描述了把通信问题分为几个小问题（称为层次）的方法，每个小问题对应一层。

在计算机网络中要做到有条不紊地交换数据，就必须遵守一些事先约定好的规则。这些规则明确规定了所交换的数据格式以及有关的同步问题，这里所说的同步不是狭义的（同频或同频同相）而是广义的，即在一定的条件下应当发生什么事件（如发送一个应答信息），因而同步含有时序的意思。这些为进行网络中的数据交换而建立的规则、标准或约定称为网络协议，网络协议也可简称为"协议"。网络协议主要由以下三个要素组成：

①语法，即数据与控制信息的结构或格式。

②语义，即需要发出何种控制信息、完成何种动作及做出何种响应。

③同步，即事件实现顺序的详细说明。

网络协议是计算机网络不可缺少的组成部分。协议通常有两种不同的形式：一种是使用便于人来阅读和理解的文字描述，另一种是使用计算机能够理解的程序代码。

对于非常复杂的计算机网络协议，其结构应该是层次式的。分层可以带来许多好处。

①各层之间是独立的。某一层并不需要知道它的下一层是如何实现的，而仅仅需要知道该层通过层间的接口（界面）所提供的服务。由于每一层只实现一

种相对独立的功能，因而可将一个难以处理的复杂问题分解为若干个较容易处理的更小一些的问题。这样，整个问题的复杂程度就下降了。

②灵活性好。当任何一层发生变化时（例如技术的变化），只要层间接口关系保持不变，则在这层以上或以下各层均不受影响。此外，对某一层提供的服务还可进行修改。当某层提供的服务不再需要时，甚至可以将这层取消。

③结构上可分割开。各层都可以采用最合适的技术来实现。

④易于实现和维护。这种结构使得实现和调试一个庞大而又复杂的系统变得易于处理，因为整个系统已被分解为若干个相对独立的子系统。

⑤能促进标准化工作。因为每一层的功能及其所提供的服务都已有了精确的说明。

计算机网络的各层及其协议的集合，称为网络的体系结构。换种说法，计算机网络的体系结构就是这个计算机网络及其构件所应完成的功能的精确定义。需要强调的是，这些功能究竟是用何种硬件或软件完成的，则是一个遵循这种体系结构的实现的问题。

（二）ISO/OSI 开放系统互联参考模型

国际标准化组织 ISO 建立了一个分委员会来专门研究体系结构，提出了开放系统互联（open System Interconnection，OSI）参考模型，这是一个定义连接异种计算机标准的主体结构，OSI 解决了已有协议在广域网和高通信负载方面存在的问题。"开放"表示能使任何两个遵守参考模型和有关标准的系统进行连接。"互联"是指将不同的系统互相连接起来，以达到相互交换信息、共享资源、分布应用和分布处理的目的。

1. OSI 参考模型

开放系统互联（OSI）参考模型采用分层的结构化技术，共分为七层，从低到高为物理层、数据链路层、网络层、传输层、会话层、表示层、应用层。无论什么样的分层模型，都基于一个基本思想，遵守同样的分层原则，即目标站第 N 层收到的对象应当与源站第 N 层发出的对象完全一致。

2. OSI 参考模型各层的功能

OSI 参考模型的每一层都有它必须实现的一系列功能，以保证数据报能从源传输到目的地。下面简单介绍 OSI 参考模型各层的功能。

（1）物理层

物理层位于 OSI 参考模型的最低层，它直接面向原始比特流的传输。为了实现原始比特流的物理传输，物理层必须解决好包括传输介质、信道类型、数据与信号之间的转换、信号传输中的衰减和噪声等在内的一系列问题。另外，物理层标准要给出关于物理接口的机械、电气功能和规程特性，以便不同的制造厂家既能够根据公认的标准各自独立地制造设备，又能使各个厂家的产品能够相互兼容。物理层涉及的内容主要包括机械特性、电气特性、功能特性、规程特性。

（2）数据链路层

数据链路层在物理层和网络层之间提供通信，建立相邻节点之间的数据链路，传送按一定格式组织起来的位组合，即数据帧。本层为网络层提供可靠的信息传送机制，将数据组成适合于正确传输的帧形式，帧中包含应答、流控制和差错控制等信息，以实现应答、差错控制、数据流控制和发送顺序控制，确保接收数据的顺序与原发送顺序相同等功能。

（3）网络层

网络中的两台计算机进行通信时，中间可能要经过许多中间节点甚至不同的通信子网。网络层的任务就是在通信子网中选择一条合适的路径，使发送端传输层所传下来的数据能够通过所选择的路径到达目的端。为了实现路径选择，网络层必须使用寻址方案来确定存在哪些网络，以及设备在这些网络中所处的位置，不同网络层协议所采用的寻址方案是不同的。在确定了目标节点的位置后，网络层还要负责引导数据报正确地通过网络，找到通过网络的最优路径，即路由选择。如果子网中同时出现过多的分组，它们将相互阻塞通路并可能形成网络瓶颈，所以网络层还需要提供拥塞控制机制以避免此类现象的出现。另外，网络层还要解决异构网络互联问题。

（4）传输层

传输层是 OSI 参考模型中唯一负责端到端节点间数据传输和控制功能的层。传输层是 OSI 参考模型中承上启下的层，它下面的三层主要面向网络通信，以确保信息被准确有效地传输；而它上面的三个层次则面向用户主机，为用户提供各种服务。

传输层通过弥补网络层服务质量的不足，为会话层提供端到端的可靠数据传输服务。它为会话层屏蔽了传输层以下的数据通信的细节，使会话层不会受到下三层技术变化的影响。但同时，它又依靠下面的三个层次控制实际的网络通信操作，来完成数据从源到目标的传输。传输层为了向会话层提供可靠的端到端传输服务，也使用了差错控制和流量控制等机制。

（5）会话层

会话层的主要功能是在两个节点间建立、维护和释放面向用户的连接，并对会话进行管理和控制，保证会话数据可靠传输。在会话层和传输层都提到了连接，那么会话连接和传输连接到底有什么区别呢？会话连接和传输连接之间有3种关系：一对一关系，即一个会话连接对应一个传输连接；一对多关系，一个会话连接对应多个传输连接；多对一关系，多个会话连接对应一个传输关系。

会话过程中，会话层需要决定到底使用全双工通信还是半双工通信。如果采用全双工通信，则会话层在对话管理中要做的工作就很少；如果采用半双工通信，会话层则通过一个数据令牌来协调会话，保证每次只有一个用户能够传输数据。当会话层建立一个会话时，先让一个用户得到令牌，只有获得令牌的用户才有权进行发送。如果接收方想要发送数据，可以请求获得令牌，由发送方决定何时放弃。一旦得到令牌，接收方就转变为发送方。

当进行大量的数据传输时，会话层提供了同步服务，通过在数据流中定义检查点来把会话分割成明显的会话单元。当网络故障出现时，从最后一个检查点开始重传数据。

（6）表示层

OSI模型中，表示层以下的各层主要负责数据在网络中传输时不要出错。但数据的传输没有出错，并不代表数据所表示的信息不会出错。表示层专门负责有关网络中计算机信息表示方式的问题。表示层负责在不同的数据格式之间进行转换操作，以实现不同计算机系统间的信息交换。除了编码外，还包括数组、浮点数、记录、图像、声音等多种数据结构，表示层用抽象的方式来定义交换中使用的数据结构，并且在计算机内部表示法和网络的标准表示法之间进行转换。

表示层还负责数据的加密，以在数据的传输过程对其进行保护。数据在发送

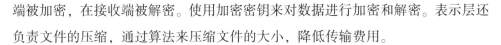

端被加密，在接收端被解密。使用加密密钥来对数据进行加密和解密。表示层还负责文件的压缩，通过算法来压缩文件的大小，降低传输费用。

（7）应用层

应用层是 OSI 参考模型中最靠近用户的一层，负责为用户的应用程序提供网络服务。与 OSI 参考模型其他层不同的是，它不为任何其他 OSI 层提供服务，而只是为 OSI 模型以外的应用程序提供服务，包括为相互通信的应用程序或进程之间建立连接、进行同步，建立关于错误纠正和控制数据完整性过程的协商等。

（三）TCP/IP 模型

尽管 OSI 参考模型得到了全世界的认同，但是互联网历史上和技术上的开发标准都是 TCP/IP（传输控制协议/网际协议）模型。TCP/IP 模型及其协议组使得世界上任意两台计算机间的通信成为可能。

1. TCP/IP 参考模型

TCP/IP 参考模型是由 ArPANET 所使用的网络体系结构。这个体系结构在它的两个主要协议出现以后被称为 TCP/IP 参考模型（TCP/IP reference Model）。这一网络协议共分为四层：网络访问层、互联网层、传输层和应用层。

2. TCP/IP 参考模型各层的功能

①网络访问层在 TCP/IP 参考模型中并没有详细的描述，只是指出主机必须使用某种协议与网络相连。此层功能由网卡或调制解调器完成。

②互联网层是整个体系结构的关键部分，其功能是使主机可以把分组发往任何网络，并使分组独立地传向目标。这些分组可能经由不同的网络，到达的顺序和发送的顺序也可能不同。高层如果需要顺序收发，那么就必须自行处理对分组的排序。互联网层使用因特网协议（Internet Protocol，IP）。TCP/IP 参考模型的互联网层和 OSI 参考模型的网络层在功能上非常相似。

③传输层使源端和目的端机器上的对等实体可以进行会话。在这一层定义了两个端到端的协议：传输控制协议（Transmission Control Protocol，TCP）和用户数据报协议（User DatagRAM Protocol，UDP）。TCP 是面向连接的协议，它提供可靠的报文传输和对上层应用的连接服务。为此，除了基本的数据传输外，它还有可靠性保证、流量控制、多路复用、优先权和安全性控制等功能。UDP 是面

向无连接的不可靠传输的协议，主要用于不需要 TCP 的排序和流量控制等功能的应用程序。

④应用层包含所有的高层协议，包括虚拟终端协议、文件传输协议、电子邮件传输协议、域名服务、网上新闻传输协议和超文本传送协议等。TELNET 允许一台机器上的用户登录到远程机器上，并进行工作；FTP 提供有效地将文件从一台机器上移到另一台机器上的方法；SMTP 用于电子邮件的收发；DNS 用于把主机名映射到网络地址；NNTP 用于新闻的发布、检索和获取；HTTP 用于在 WWW 上获取主页。

三、网络通信组件

网络通信组件包括通信介质和网络设备及部件。通信介质（传输介质）即网络通信的线路，有双绞线、非屏蔽双绞线、同轴电缆和光纤四种缆线，还有短波、卫星通信等无线传输。

网络设备及部件是连接到网络中的物理实体。网络设备的种类繁多，且与日俱增。基本的网络设备有计算机（无论其为个人电脑或服务器）、集线器、交换机、网桥、路由器、网关、网络接口卡（NIC）、无线接入点（WAP）等。

（一）通信介质

1. 同轴电缆

同轴电缆从用途上分，可分为基带同轴电缆和宽带同轴电缆（网络同轴电缆和视频同轴电缆）。同轴电缆分 50Ω 基带电缆和 75Ω 宽带电缆两类。基带电缆又分为细同轴电缆和粗同轴电缆。基带电缆仅仅用于数字传输，数据率可达 10Mb/s。

2. 双绞线

在局域网中，双绞线用得非常广泛，这主要是因为它们成本低、速度高和可靠性高。双绞线有两种基本类型：屏蔽双绞线（STP）和非屏蔽双绞线（UTP）。它们都是由两根绞在一起的导线来形成传输电路。两根导线绞在一起主要是为了防止干扰（线对上的差分信号具有共模抑制干扰的作用）。

3. 光纤

有些网络应用要求很高，它要求可靠、高速地远距离传送数据，这种情况下，光纤就是一个理想的选择。光纤具有圆柱形的形状，由三部分组成：纤芯、包层和护套。纤芯是最内层部分，它由一根或多根非常细的由玻璃或塑料制成的绞合线或纤维组成。每一根纤维都由各自的包层包着，包层是玻璃或塑料涂层，它具有与纤芯不同的光学特性。最外层是护套，它包着一根或一束已加包层的纤维。护套是由塑料或其他材料制成的，用它来防止潮气、擦伤、压伤或其他外界带来的危害。

4. 无线介质

传输线系统除同轴电缆、双绞线和光纤外，还有一种手段是根本不使用导线，这就是无线电通信，无线电通信利用电磁波或光波来传输信息，利用它不用敷设缆线就可以把网络连接起来。无线电通信包括两个独特的网络：移动网络和无线 LAN 网络。利用 LAN 网，机器可以通过发射机和接收机连接起来；利用移动网，机器可以通过蜂窝式通信系统连接起来，该通信系统由无线电通信部门提供。

（二）网络设备

1. 集线器

集线器的基本功能是信息分发，它将一个端口收到的信号转发给其他所有端口。同时，集线器的所有端口共享集线器的带宽。当我们在一台 10Mb/s 带宽的集线器上只连接一台计算机时，此计算机的带宽是 10Mb/s；而当我们连接两台计算机时，每台计算机的带宽是 5Mb/s；当连接 10 台计算机时，带宽则是 1Mb/s。即用集线器组网时，连接的计算机越多，网络速度越慢。

2. 交换机

交换机也是目前使用较广泛的网络设备之一，同样用来组建星形拓扑的网络。从外观上看，交换机与集线器几乎一样，其端口与连接方式和集线器几乎也是一样。但是，由于交换机采用交换技术，使其可以并行通信而不像集线器那样平均分配带宽。如一台 100Mb/s 交换机的端口是 100Mb/s，互联的每台计算机均以 100Mb/s 的速率通信，而不像集线器那样平均分配带宽，这使交换机能够提供更佳的通信性能。

3. 路由器

路由器并不是组建局域网所必需的设备，但随着企业网规模的不断扩大和企业网接入互联网的需求，使路由器的使用率越来越高。

路由器的功能：路由器是工作在网络层的设备，主要用于不同类型的网络的互联。当我们使用路由器将不同网络连接起来后，路由器可以在不同网络间选择最佳的信息传输路径，从而使信息更快地传输到目的地。事实上，我们访问的互联网就是通过众多的路由器将世界各地的不同网络互联起来的，路由器在互联网中选择路径并转发信息，使世界各地的网络可以共享网络资源。

4. 网络适配器

网络适配器又称网卡或网络接口卡（NIC），英文名为 Network Interface Card。它是使计算机联网的设备。平常所说的网卡就是将 PC 机和 LAN 连接的网络适配器。网卡插在计算机主板插槽中，负责将用户要传递的数据转换为网络上其他设备能够识别的格式，通过网络介质传输。它的主要技术参数为带宽、总线方式、电气接口方式等。它的基本功能有从并行到串行的数据转换、包的装配和拆装、网络存取控制、数据缓存等。

第二节　互联网与大数据

一、互联网接入技术

从信息资源的角度，互联网是一个融各部门、各领域的信息资源为一体的，供网络用户共享的信息资源网。家庭用户或单位用户要接入互联网，可通过某种通信线路连接到 ISP，由 ISP 提供互联网的入网连接和信息服务。互联网接入是通过特定的信息采集与共享的传输通道，利用传输技术完成用户与 IP 广域网的高带宽、高速度的物理连接。

因特网接入服务业务主要有两种应用：一是为因特网信息服务业务（ICP）经营者（利用因特网从事信息内容提供、网上交易、在线应用等的经营者）提供接入因特网的服务；二是为普通上网用户（需要上网获得相关服务的用户）

提供接入因特网的服务。

互联网接入技术主要包括以下六种方式：

（一）电话线拨号接入（PSTN）

PSTN 是家庭用户接入互联网的普遍的窄带接入方式。即通过电话线，利用当地运营商提供的接入号码，拨号接入互联网，速率不超过 56kb/s。特点是使用方便，只需有效的电话线及自带调制解调器（Modem）的 PC 就可完成接入。

PSTN 适合于一些低速率的网络应用（如网页浏览查询、聊天、E-mail 等），主要适合于临时性接入或无其他宽带接入场所使用。缺点是速率低，无法实现一些高速率要求的网络服务，其次是费用较高（接入费用由电话通信费和网络使用费组成）。

（二）HFC（Cable Modem）

HFC 是一种基于有线电视网络铜线资源的接入方式。具有专线上网的连接特点，允许用户通过有线电视网实现高速接入互联网。适用于拥有有线电视网的家庭、个人或中小团体。特点是速率较高，接入方式方便（通过有线电缆传输数据，不需要布线），可实现各类视频服务、高速下载等。缺点在于基于有线电视网络的架构是属于网络资源分享型的，当用户激增时，速率就会下降且不稳定，扩展性不够。

（三）光纤宽带接入

该方式通过光纤接入小区节点或楼道，再由网线连接到各个共享点上（一般不超过 100m），提供一定区域的高速互联接入。特点是速率高、抗干扰能力强。适用于家庭、个人或各类企事业团体，可以实现各类高速率的互联网应用（视频服务、高速数据传输、远程交互等）。缺点是一次性布线成本较高。

（四）非对称数字用户线接入（ADSL）

在通过本地环路提供数字服务的技术中，最有效的类型之一是数字用户线（Digital Subscriber Line，DSL）技术，是目前运用最广泛的铜线接入方式。

ADSL 可直接利用现有的电话线路，通过 ADSL Modem 进行数字信息传输。理论速率可达到 8Mb/s 的下行和 1Mb/s 的上行，传输距离可达 4~5km。ADSL24 –速率可达 24Mb/s 下行和 1Mb/s 上行。另外，最新的 VDSL2 技术可以达到上下行各 100Mb/s 的速率。特点是速率稳定、带宽独享、语音数据不干扰等。适用于家庭、个人等用户的大多数网络应用需求，满足一些宽带业务包括 IPTV、视频点播（VoD）、远程教学、可视电话、多媒体检索、LAN 互联、Internet 接入等。

ADSL 技术具有以下一些主要特点：可以充分利用现有的电话线网络，通过在线路两端加装 ADSL 设备便可为用户提供宽带服务；它可以与普通电话线共存于一条电话线上，接听、拨打电话的同时能进行 ADSL 传输，而又互不影响；进行数据传输时不通过电话交换机，这样上网时就不需要缴付额外的电话费，可节省费用；ADSL 的数据传输速率可根据线路的情况进行自动调整，它以"尽力而为"的方式进行数据传输。

（五）无源光网络接入（PoN）

PoN（无源光网络）技术是一种点对多点的光纤传输和接入技术，局端到用户端最大距离为 20km，接入系统总的传输容量为上行和下行各为 155Mb/s、622Mb/s、1Gb/s 中的一种，由各用户共享，每个用户使用的带宽可以以 64kb/s 步进划分。

（六）无线网络接入

无线网络接入是一种有线接入的延伸技术，使用无线射频（RF）技术越空收发数据，减少使用电线连接，因此无线网络系统既可达到建设计算机网络系统的目的，又可让设备自由安排和搬动。在公共开放的场所或者企业内部，无线网络一般会作为已存有线网络的一个补充方式，装有无线网卡的计算机通过无线手段方便接入互联网。

我国移动通信有三种技术标准，中国移动、中国电信和中国联通各使用自己的标准及专门的上网卡，网卡之间互不兼容。

随着数据通信与多媒体业务需求的发展，适应移动数据、移动计算及移动多媒体运作需要的第四代移动通信开始兴起。

二、互联网思维和大数据

（一）互联网思维

互联网思维是指在（移动）互联网、大数据、云计算等科技不断发展的背景下，人们对市场、对用户、对产品、对企业价值链乃至对整个商业生态进行重新审视的思考方式。

这里的互联网，不单指桌面互联网或者移动互联网，而是泛互联网，因为未来的网络形态一定是跨越各种终端设备的，包括台式机、笔记本、平板、手机、手表、眼镜等。①传播层面的互联网化，即狭义的网络营销，通过互联网工具实现品牌展示、产品宣传等功能。②渠道层面的互联网化，即狭义的电子商务，通过互联网实现产品销售。③供应链层面的互联网化，通过 C2B 模式，消费者参与到产品设计和研发环节。④用互联网思维重新架构企业。

互联网思维的九大思维：①用户思维；②简约思维；③极致思维；④迭代思维；⑤流量思维；⑥社会化思维；⑦大数据思维；⑧平台思维；⑨跨界思维。

互联网思维的四个核心观点：①用户至上；②体验为王；③免费的商业模式；④颠覆式创新。

下面详细介绍互联网九大思维：

1. 用户思维

用户思维即在价值链各个环节中都要"以用户为中心"去考虑问题，是互联网思维的核心。其他思维都是围绕它在不同层面的展开。没有用户思维，也就谈不上其他思维。

互联网消除了信息不对称，使得消费者掌握了更多的产品、价格、品牌方面的信息，市场竞争更为充分，市场由厂商主导转变为消费者主导，消费者主权时代真正到来。作为厂商，必须从市场定位、产品研发、生产销售乃至售后服务整个价值链的各个环节，建立起"以用户为中心"的企业文化，只有深度理解用户才能生存。商业价值必须建立在用户价值之上。没有认同，就没有合同。

2. 简约思维

简约思维是指在产品规划和品牌定位上，力求专注、简单；在产品设计上，力求简洁、简约。在互联网时代，信息爆炸，消费者的选择太多，选择时间太短，用户的耐心越来越不足，加上线上只需要点击一下鼠标，转移成本几乎为零。所以，必须在短时间内能够抓住它。

3. 极致思维

极致思维就是把产品和服务做到极致，把用户体验做到极致，超越用户预期。互联网时代的竞争只有第一，没有第二，只有做到极致，才能够真正赢得消费者、赢得人心。

4. 迭代思维

"敏捷开发"是互联网产品开发的典型方法论，是一种以人为核心，迭代、循序渐进的开发方法，允许有所不足，不断试错，在持续迭代中完善产品。

互联网产品能够做到迭代主要有两个原因：一是产品供应到消费的环节非常短；二是消费者意见反馈成本非常低。这里面有两个点，一个"微"，一个"快"。小处着眼，微创新要从细微的用户需求入手，贴近用户心理，在用户参与和反馈中逐步改进。"可能你觉得是一个不起眼的点，但是用户可能觉得很重要。"

5. 流量思维

流量意味着体量，体量意味着分量。"目光聚集之处，金钱必将追随"，流量即金钱，流量即入口，流量的价值不必多言。互联网产品，免费往往成了获取流量的首要策略，互联网产品大多不向用户直接收费，而是用免费策略极力争取用户、锁定用户。淘宝、百度、QQ、360 都是依托免费起家。

流量怎样产生价值？量变产生质变，必须坚持到质变的"临界点"。

任何一个互联网产品，只要用户活跃数量达到一定程度，就会开始产生质变，这种质变往往会给该公司或者产品带来新的"商机"或者"价值"，这是互联网独有的"奇迹"和"魅力"。在注意力经济时代，只有先把流量做上去，才有机会思考后面的问题，否则连生存的机会都没有。

6. 社会化思维

天猫启动了"旗舰店升级计划"，增加了品牌与消费者沟通的模块。同时，也发布了类似微信的产品"来往"，这也证明了，社会化商业时代已经到来，互联网企业纷纷加速了布局。社会化商业的核心是网，公司面对的客户以网的形式存在，这将改变企业生产、销售、营销等整个形态。

7. 大数据思维

小企业也要有大数据。用户在网络上一般会产生信息、行为、关系三个层面的数据，比如，用户登录电商平台，会注册邮箱、手机、地址等，这些是信息层面的数据；用户在网站上浏览、购买了什么商品，这属于行为层面的数据；用户把这些商品分享给了谁、找谁代付，这些是关系层面的数据。

这些数据的沉淀，有助于企业进行预测和决策，大数据的关键在于数据挖掘，有效的数据挖掘才可能产生高质量的分析预测。海量用户和良好的数据资产将成为未来核心竞争力。一切皆可被数据化，企业必须构建自己的大数据平台，小企业也要有大数据。

在互联网和大数据时代，用户不是一类人，而是每个人。客户所产生的庞大数据量使营销人员能够深入了解"每一个人"，而不是"目标人群"。这个时候的营销策略和计划，就应该更精准，要针对个性化用户做精准营销。

8. 平台思维

互联网的平台思维就是开放、共享、共赢的思维。平台模式的精髓，在于打造一个多主体共赢互利的生态圈。将来的平台之争，一定是生态圈之间的竞争，单一的平台是不具备系统性竞争力的。

9. 跨界思维

随着互联网和新科技的发展，纯物理经济与纯虚拟经济开始融合，很多产业的边界变得模糊，互联网企业的触角已经无孔不入，触及零售、制造、图书、金融、电信、娱乐、交通、媒体等领域。互联网企业的跨界颠覆，本质是高效率整合低效率，包括结构效率和运营效率。

今天，互联网九个典型思维将重塑企业价值链，涉及商业模式设计、产品线设计、产品开发、品牌定位、业务拓展、售后服务等企业经营所有环节。

（二）大数据

现在的社会是一个高速发展的社会，科技发达、信息流通，人们之间的交流越来越密切，生活也越来越方便，大数据就是这个高科技时代的产物。大数据，指无法在可承受的时间范围内用常规软件工具进行捕捉、管理和处理的数据集合，是需要新处理模式才能具有更强的决策力、洞察发现力和流程优化能力的海量、高增长率和多样化的信息资产。

大数据具备 5V 特点（IBM 提出），即 Volume（大量）、Velocity（高速）、Variety（多样）、Value（价值）、Veracity（真实性）。

大数据技术的战略意义不在于掌握庞大的数据信息，而在于对这些含有意义的数据进行专业化处理。换而言之，如果把大数据比作一种产业，那么这种产业实现赢利的关键，在于提高对数据的"加工能力"，通过"加工"实现数据的"增值"。

大数据需要特殊的处理技术，以有效地处理大量的容忍时间内的数据。适用于大数据的技术包括大规模并行处理（MPP）数据库、数据挖掘电网、分布式文件系统、分布式数据库、云计算平台、互联网和可扩展的存储系统。

有人把数据比喻为蕴藏能量的煤矿。煤炭按照性质分为焦煤、无烟煤、肥煤、贫煤等，而露天煤矿、深山煤矿的挖掘成本又不一样。与此类似，大数据并不在"大"，而在于"有用"。价值含量、挖掘成本比数量更为重要。对很多行业而言，如何利用这些大规模数据成为赢得竞争的关键。

大数据的价值体现在以下三个方面。

①对大量消费者提供产品或服务的企业可以利用大数据进行精准营销。

②做小而美模式的中长尾企业可以利用大数据做服务转型。

③面临互联网压力之下必须转型的传统企业需要与时俱进地充分利用大数据的价值。

第三节　网络与信息安全

信息是网络社会发展的重要战略资源，也是衡量国家综合国力的一个重要参数。信息作为继物质和能源之后的第三类资源，它的价值日益受到人们的重视。信息的地位与作用因信息技术的快速发展而急剧上升，信息安全的问题同样因此而日渐突出。

一、网络安全与信息安全的内涵

（一）网络安全

这里面包含两层含义：一个是网络运行安全，另一个是网络信息安全。

1. 网络运行安全

信息系统的网络化提供了资源的共享性和用户使用的方便性，但是信息在公共通信网络上存储、共享和传输的过程中，会出现非法窃听、截取、篡改或毁坏，从而导致了不可估量的损失。

广义的网络不仅是指计算机系统，还包括了计算机通信网络。计算机系统是将若干台具有独立功能的计算机或终端设备通过通信设备互联起来，实现计算机间的信息传输与交换的系统。而计算机通信网络是指以共享资源为目的，利用通信手段及传输媒体把地域上相对分散的若干独立的计算机系统、终端设备和数据设备连接起来，并在协议的控制下进行数据交换的系统。计算机网络的根本目的在于资源共享，通信网络是实现网络资源共享的途径。

网络运行安全就是指存储信息的计算机、数据库系统的安全和传输信息网络的安全。

计算机系统作为一种主要的信息处理系统，其安全性直接影响到整个信息系统的安全。计算机系统是由软件、硬件及数据资源等组成的。计算机系统安全就是保证计算机软件、硬件和数据资源不被更改、破坏及泄露。数据库系统是常用的信息存储系统。数据库系统安全就是保护数据库的软件、硬件和数据资源不被更改、破坏及泄露。目前，网络技术和通信技术的不断发展使得信息可以使用通信网络来传输。在信息传输过程中如何保证信息能正确传输，并防止信息泄露、篡改与冒用成为传输信息网络的主要安全任务。

2. 网络信息安全

网络传输的主要内容就是信息。网络传输的安全与传输的信息内容有密切的关系。网络运行安全侧重于系统本身和传输的安全，网络信息安全侧重于信息自身的安全，可见，这与其所保护的对象有关。

其中的网络信息安全需求是指通信网络给人们提供信息查询、网络服务时，保证服务对象的信息不受监听、窃取和篡改等威胁，以满足人们最基本的安全需要（如隐秘性、可用性等）的特性。因此，信息内容的安全即信息安全，包括信息的保密性、真实性和完整性。

网络运行是网络信息传输的基础，网络信息安全依赖网络系统运行的安全。信息安全是目标，确保信息系统的安全是保证信息安全的手段。

3. 网络安全的目标

网络安全的最终目标就是通过各种技术与管理手段实现网络信息系统的可靠性、保密性、完整性、有效性、可控性和拒绝否认性。可靠性（Reliability）是所有信息系统正常运行的基本前提，通常指信息系统能够在规定的条件与时间内完成规定功能的特性。可控性是指信息系统对信息内容和传输具有控制能力的特性。拒绝否认性也称为不可抵赖性或不可否认性，拒绝否认性是指通信双方不能抵赖或否认已完成的操作和承诺，利用数字签名能够防止通信双方否认曾经发送和接收信息的事实。在多数情况下，网络安全更侧重强调网络信息的保密性、完整性和有效性。

（二）信息安全

1. 信息安全的内涵

国际信息安全认定组织认为，信息安全是由道德规划、法律侦查、操作安全、安全管理、密码学、访问控制、网络通信安全、应用系统开发、安全结构模式、灾害重建、物理安全等领域共同组成的。信息安全与网络安全既有联系又有区别。首先，信息安全是建立在现实信息安全保障的基础上而提出的概念，在网络时代来临以后，因为在内涵上相契合，成了网络安全的一体；其次，网络安全相较于现实信息保障来说，注重的是互联网信息带来的不安全问题，是面对网络时代的安全挑战概念；最后，信息安全从安全等级来说，从下至上有计算机密码安全、计算机系统安全、网络安全和信息安全之分，两者在安全对象上有着不同的内涵和外延。

信息安全涵盖个人、机构、国家信息空间的信息资源保护，以免受到误导、侵害、威胁与危险、影响。不论是研究还是实践，信息安全都可以利用多维角度来观察。就信息传输角度来说，信息安全涉及信息的完整性、保密性、可用性等方面；就信息威胁角度来说，信息安全包括信息攻防、信息犯罪；站在信息政策角度来说，则包括行业政策、国际政策、国家政策、地区政策；站在信息法律角度来说，包括行业法律、国家法律、国际法律；站在信息标准角度来说，包括认证标准、等级标准、评级标准；站在信息机构角度来说，则包括研究机构、行业机构、国家机构、国际机构；站在信息产业角度来说，包括创新联盟、信息安全企业、产业园等。作为一个相对来说很大的概念，信息安全与很多知识点有密切的联系，包括信息战、信息疆域、信息主权。信息主权指的是国家对国内传播数据、传播系统进行管理的权力，是国家主权的体现。国际上有一些国家利用经济、文化、语言、技术优势，限制与控制他国信息的传播。

2. 信息安全的侧重点

研究人员更关注从理论上采用数学方法精确描述安全属性。工程人员从实际应用角度对成熟的网络安全解决方案和新型网络安全产品更感兴趣。评估人员较多关注的是网络安全评价标准、安全等级划分、安全产品测评方法与工具、网络信息采集及网络攻击技术。网络管理或网络安全管理人员通常更关心网络安全管理策略、身份认证、访问控制、入侵检测、网络安全审计、网络安全应急响应和计算机病毒防治等安全技术。对国家安全保密部门来说，必须了解网络信息泄露、窃听和过滤的各种技术手段，避免涉及国家重要机密信息被无意或有意泄露。对公共安全部门而言，应当熟悉国家和行业部门颁布的常用网络安全监察法律法规、网络安全取证、网络安全审计、知识产权保护、社会文化安全等技术，一旦发现窃取或破坏商业机密信息、电子出版物侵权等各种网络违法行为，能够取得可信的、完整的、准确的、符合国家法律法规的诉讼证据。军事人员则更关心信息对抗、信息加密、安全通信协议、无线网络安全、入侵攻击和网络病毒传播等网络安全综合技术，通过综合利用网络安全技术夺取网络信息优势，扰乱敌方指挥系统，摧毁敌方网络基础设施，以便赢得未来信息战争的决胜权。

从用户（个人或企业）的角度来讲，其希望在网络上传输的个人信息（如银行账号和上网登录口令等）不被他人发现、篡改，在网络上发送的信息源是真实的，不是假冒的，信息发送者对发送过的信息或完成的某种操作是承认的。

信息安全的基础涉及信息的保密性、完整性、有效性等方面。

保密性：是指信息系统防止信息非法泄露的特性，信息只限于授权用户使用，信息不泄露给非授权的实体和个人或供其他非法使用。保密性主要通过信息加密、身份认证、访问控制、安全通信协议等技术实现，信息加密是防止信息非法泄露的最基本手段。军用信息的安全尤为注重保密性。

完整性：是指信息未经授权不能改变的特性，即信息在传输、交换、存储和处理过程中保持非修改、非破坏、非丢失的特性，也就是保持信息的原样性。数据信息的首要安全因素是其完整性。完整性与保密性强调的侧重点不同，保密性强调信息不能非法泄露，而完整性强调信息在存储和传输过程中不能被偶然或蓄意修改、删除、伪造、添加、破坏或丢失，信息在存储和传输过程中必须保持原样。信息完整性表明信息的可靠性、正确性、有效性和一致性，只有完整的信息才是可信任的信息。

有效性：是指信息资源容许授权用户按需访问的特性，有效性是信息系统面向用户服务的安全特性。信息系统只有持续有效，授权用户才能随时随地根据自己的需要访问信息系统提供的服务。

信息安全的任务就是保证信息功能的安全实现，即信息在获取、存储、处理和传输过程中的安全。不法分子通过各类软件或者程序来盗取个人信息，并利用信息来获利，严重影响了公民生命、财产安全。此类问题多集中于日常生活，比如，无权、过度或者非法收集等情况。除了政府和得到批准的企业外，还有部分未经批准的商家或者个人对个人信息实施非法采集，甚至部分调查机构建立调查公司，并肆意兜售个人信息。上述问题使得个人信息安全还必须有一个适度使用的安全原则。

二、网络与信息安全防范技术

为保障信息系统的安全，需要做到下列五点。

第一，建立完整、可靠的数据存储冗余备份设备和行之有效的数据灾难恢复办法。

第二，建立严谨的访问控制机制，拒绝非法访问。

第三，利用数据加密手段，防范数据被攻击。

第四，系统及时升级、及时修补，封堵自身的安全漏洞。

第五，安装防火墙，在用户与网络之间、网络与网络之间建立起安全屏障。

（一）认证技术

仅仅加密是不够的，全面保护还要求认证和识别。在网络经济中，交易双方并不见面，因此，必须确保参与加密对话的人确实是其本人。同样，当你收到一份合同时，你也必须保证它是由当事人亲自签发的，并且是不可更改的。认证是系统的用户在进入系统或访问不同保护级别的系统资源时，系统确认该用户是否真实、合法的唯一手段。认证技术是信息安全的重要组成部分，是对访问系统的用户进行访问控制的前提。

认证的基本原理就是确定身份，因此必须通过检查对方独有的特征来进行，这些特征有如下几个。

所知：个人所知道的或所掌握的知识，如密码、口令。

所有：个人所具有的东西，如身份证、护照。

个人特征：与生俱来的一些特征，如指纹、DNA。

目前，被应用到认证中的技术有用户名/口令技术、数字证书、生物信息等。

1. 用户名/口令技术

用户名/口令技术是最早出现的认证技术之一，可分为静态口令认证技术和动态口令认证技术。静态口令认证技术中每个用户都有一个用户 ID 和口令。用户访问时，系统通过用户的用户 ID 和口令验证用户的合法性。静态口令认证技术比较简单，但安全性较低，存在很多隐患。动态口令认证技术中则采用了随机变化的口令进行认证。在这种技术中，客户端将口令变换后生成动态口令并发送到服务器端进行认证。这种认证方式相对安全，但是没有得到客户端的广泛支持。

2. 数字证书

数字证书是一种加强的认证技术，可以提高认证的安全性。为了保证互联网上电子交易及支付的安全性、保密性等，防范交易及支付过程中的欺诈行为，必须在网上建立一种信任机制。这就要求参加电子商务的买方和卖方都必须拥有合法的身份，并且在网上能够有效、无误地被验证。

数字证书就是标志网络用户身份信息的一系列数据，用来在网络应用中识别通信各方的身份，其作用类似于现实生活中的身份证。数字证书是由权威公正的第三方机构——CA 证书授权（Certificate Authority）中心发行的，即 CA 中心签发的。证书的内容包括电子签证机关的信息、公钥用户信息、公钥、权威机构的签字和有效期等。目前，证书的格式和验证方法普遍遵循 X.509 国际标准。

数字证书颁发过程一般为：用户首先产生自己的密钥对，并将公共密钥及部分个人身份信息传送给认证中心。认证中心在核实身份后，将执行一些必要的步骤，以确信请求确实由用户发送而来，然后认证中心将发给用户一个数字证书，该证书内包含用户的个人信息和他的公钥信息，同时还附有认证中心的签名信息。用户就可以使用自己的数字证书进行相关的各种活动。

数字证书各不相同，每种证书可提供不同级别的可信度。可以从证书发行机构获得自己的数字证书。一般包含个人凭证、企业凭证和软件凭证三种。

个人凭证：它仅为某一个用户提供凭证，以帮助其个人在网上进行安全交易操作。个人身份的数字证书通常是安装在客户端的浏览器内的，并通过安全的电子邮件进行交易操作。

企业（服务器）凭证：它通常为网上的某个 Web 服务器提供凭证，拥有 Web 服务器的企业就可以用具有凭证的万维网站点进行安全的电子交易。有凭证的 Web 服务器会自动地将其与客户端 Web 浏览器通信的信息加密。

软件（开发者）凭证：它通常为因特网中被下载的软件提供凭证，该凭证用于和微软公司 Authenticode 技术（合法化技术）结合，以使用户在下载软件时能获得所需的信息。数字证书由认证中心发行。

3. 生物信息

进行生物信息认证需要采用各种生物信息，包括脸、指纹、手掌纹、虹膜、视网膜、声音（语音）、体形、个人习惯（例如，敲击键盘的力度和频率、签字）等，相应的识别技术有人脸识别、指纹识别、掌纹识别、虹膜识别、视网膜识别、语音识别（用语音识别可以进行身份识别，也可以进行语音内容的识别，只有前者属于生物特征识别技术）、体形识别、键盘敲击识别、签字识别等，它们需要相关的生物信息采集设备配合实现。

生物识别技术被广泛用于政府、军队、银行、社会福利保障、电子商务、安全防务等领域。例如，一位储户走进了银行，他既没带银行卡，也没有回忆密码就径直提款，当他在提款机上提款时，一台摄像机对该用户的眼睛进行扫描，然后迅速而准确地完成了用户身份鉴定，办理完业务。

目前，人脸识别是一项热门的计算机技术研究领域，其中包括人脸追踪侦测、自动调整影像放大、夜间红外侦测、自动调整曝光强度等技术。

人脸识别的应用范围很广，例如，在企业、住宅安全和管理中人脸识别门禁考勤系统、人脸识别防盗门等；电子护照及身份证，这或许是未来规模最大的应用；公安、司法和刑侦中利用人脸识别系统和网络，在全国范围内搜捕逃犯；自助服务，如银行的自动提款机，如果同时应用人脸识别就会避免被他人盗取现金现象的发生；信息安全，如计算机登录、电子政务和电子商务。在电子商务中交易全部在网上完成，电子政务中的很多审批流程也都搬到了网上。当前，交易或者审批的授权都是靠密码来实现的。如果密码被盗，就无法保证安全。如果使用生物特征，就可以做到当事人在网上的数字身份和真实身份统一，从而大大增加电子商务和电子政务系统的可靠性。

（二）访问控制技术

访问控制是实现既定安全策略的系统安全技术，是通过对访问者的信息进行检查来限制或禁止访问者使用资源的技术，广泛应用于操作系统、数据库及 Web 等各个层面。它通过某种途径显式地管理对所有资源的访问请求。根据安全策略的要求，访问控制对每个资源请求做出许可或限制访问的判断，可以有效地防止非授权的访问。访问控制是最基本的安全防范措施。访问控制是通过用户注册和对用户授权进行审查的方式实施的，这是一种对进入系统所采取的控制，其作用是对需要访问系统及数据的用户进行识别，并对系统中发生的操作根据一定的安全策略来进行限制。用户访问信息资源，需要首先通过用户名和密码的核对；然后访问控制系统要监视该用户所有的访问操作，要判断用户是否有权限使用、修改某些资源，并要防止非授权用户非法使用未授权的资源。访问控制必须建立在认证的基础上，是信息系统安全的重要组成部分，是实现数据机密性和完整性机制的主要手段。访问控制系统一般包括主体、客体及安全访问策略。主体通常指用户或用户的某一请求。客体是被主体请求的资源，如数据、程序等。安全访问策略是一套有效确定主体对客体访问权限的规则。

1. 密码认证方式

密码认证方式普遍存在于各种操作系统中,例如,登录系统或使用系统资源前,用户须先出示其用户名和密码,以通过系统的认证。

密码认证的工作机制是,用户将自己的用户名和密码提交给系统,系统核对无误后,承认用户身份,允许用户访问所需资源。

密码认证的使用方法不是一个可靠的访问控制机制。因为其密码在网络中是以明文传送的,没有受到任何保护,所以攻击者可以很轻松地截获口令,并伪装成授权用户进入安全系统。

2. 加密认证方式

加密认证方式可以弥补密码认证的不足,在这种认证方式中,双方使用请求与响应的认证方式。

加密认证的工作机制是,用户和系统都持有同一密钥 K,系统生成随机数 R,发送给用户,用户接收到 R,用 K 加密,得到 X,然后传回给系统,系统接收 X,用 K 解密得到 K',然后与 R 对比,如果相同,则允许用户访问所需资源。

3. 入侵检测

任何企图危害系统及资源的活动称为入侵。由于认证、访问控制不能杜绝入侵行为,在黑客成功地突破了前面几道安全屏障后,必须有一种技术能尽可能及时地发现入侵行为,这就是入侵检测。入侵检测是通过从计算机网络或计算机系统中的若干关键点收集信息并对其进行分析,从中发现是否有违反安全策略的行为和遭到袭击的迹象的一种安全技术。入侵检测作为保护系统安全的屏障,应该能尽早发现入侵行为并及时报告以减少或避免对系统的危害。

4. 安全审计

信息系统安全审计主要是指对与安全有关的活动及相关信息进行识别、记录、存储和分析,审计的记录用于检查网络上发生了哪些与安全有关的活动,以及哪个用户对这个活动负责。

作为对防火墙系统和入侵检测系统的有效补充,安全审计是一种重要的事后监督机制。安全审计系统处在入侵检测系统之后,可以检测出某些入侵检测系统无法检测到的入侵行为并进行记录,以便帮助发现非法行为并保留证据。审计策略的制定对系统的安全性具有重要影响。安全审计系统是一个完整的安全体系结构中必不可少的环节，是保证系统安全的最后一道屏障。

此外，还可以使用安全审计系统来提取一些未知的或者未被发现的入侵行为模式。

（三）防火墙技术

防火墙是当前应用比较广泛的用于保护内部网络安全的技术，是提供信息安全服务、实现网络和信息安全的重要基础设施。防火墙是位于被保护网络和外部网络之间执行访问控制策略的一个或一组系统，包括硬件和软件，在被保护的内部网络和外部网络之间构成一道屏障，以防止发生对保护的网络的不可预测的、潜在的破坏性侵扰。在逻辑上，防火墙是一个分离器、一个限制器，也是一个分析器，有效地监控内部网和 Internet 之间的任何活动，保证内部网络的安全。从狭义上讲，防火墙是指安装了防火墙软件的主机或路由器系统；从广义上讲，防火墙还包括了整个网络的安全策略和安全行为。其主要功能包括过滤网络请求服务、隔离内网与外网的直接通信、拒绝非法访问、监控审计等。作为不同网络或网络安全域之间信息的唯一出入口，能根据企业的安全政策控制（允许、拒绝、监测）出入网络的信息流，且本身具有较强的抗攻击能力。防火墙的安全策略主要有两种：第一，凡是没有被列为允许访问的服务都是被禁止的；第二，凡是没有被列为禁止访问的服务都是被允许的。

1. 包过滤防火墙

包过滤技术是所有防火墙中的核心功能，是在网络层对数据包进行选择，选择的依据是系统设置的过滤机制，被称为访问控制列表。通过检查数据流中每个数据包的源地址、目的地址、所用的端口号、协议状态等因素来确定是否允许该数据包转发。

包过滤防火墙的"访问控制列表"的配置文件，通常情况下由网络管理员在防火墙中设定。由网络管理员编写的"访问控制列表"的配置文件，放置在内网与外网交界的边界路由器中。安装了访问控制列表的边界路由器会根据访问控制列表的安全策略，审查每个数据包的 IP 报头，必要时甚至审查 TCP 报头来决定该数据包是被拦截还是被转发。这时，这个边界路由器就具备了拦截非法访问报文包的包过滤防火墙功能。

安装包过滤防火墙的路由器对所接收的每个数据包做出允许或拒绝的决定。路由器审查每个数据包，以便确定其是否与某一条访问控制列表中的包过滤规则匹配。一个数据包进入路由器后，路由器会阅读该数据的报头。如果报头中的 IP 地址、端口地址与访问控制列表中的某条语句有匹配，并且语句规则声明允许接收该数据包，那么该数据包就会被转发。如果匹配规则拒绝该数据包，那么该数据包就会被丢弃。

包过滤防火墙是网络安全最基本的技术。在标准的路由器软件中已经免费提供了访问控制列表的功能，所以实施包过滤安全策略几乎不需要额外的费用；而且，包过滤防火墙不需要占用网络带宽来传输信息。

2. 代理服务器防火墙

代理技术是面向应用级防火墙的一种常用技术，它提供代理服务器的主体对象必须是有能力访问因特网的主机，才能为那些无权访问因特网的主机做代理，使得那些无法访问因特网的主机通过代理也可以完成访问因特网。

这种防火墙方案要求所有内网的主机需要使用代理服务器与外网的主机通信。代理服务器会像真墙一样挡在内部用户和外部主机之间，从外部只能看见代理服务器，而看不到内部主机。外界的渗透，要从代理服务器开始，因此增加了攻击内网主机的难度。

对于这种防火墙机制，代理主机配置在内部网络上，而包过滤路由器则放置在内部网络和因特网之间。在包过滤路由器上进行规则配置，使得外部系统只能访问代理主机，去往内部系统上其他主机的信息全部被阻塞。由于内部主机与代理主机处于同一个网络，因此内部系统被要求使用堡垒主机上的代理服务来访问因特网。对路由器的过滤规则进行配置，使得其只接收来自代理主机的内部数据包，强制内部用户使用代理服务。这样，内部和外部用户的相互通信必须经过代理主机来完成。

代理服务器在内外网之间转发数据包的时候，还要进行一种 IP 地址转换操作（NAT 技术），用自己的 IP 地址替换内网中主机的 IP 地址。对外部网络来说，整个内部网络只有代理主机是可见的，而其他主机都被隐藏起来。外部网络的计算机根本无从知道内部网络中有没有计算机、有哪些计算机、拥有什么 IP 地址、提供哪些服务，因此也就很难发动攻击。

　　这种防火墙体制实现了网络层安全（包过滤）和应用层安全（代理服务），提供的安全等级相当高。入侵者在破坏内部网络的安全性之前，必须渗透两种不同的安全系统。

　　当外网通过代理访问内网时，内网只接受代理提出的服务请求。内网本身禁止直接与外部网络的请求与应答联系。代理服务的过程为：先对访问请求对象进行身份验证，合法的用户请求将发给内网被访问的主机。在提供代理的整个服务过程中，应用代理一直监控用户的操作，并记录操作活动过程。发现用户非法操作，则予以禁止；若为非法用户，则拒绝访问。同理，内网用户访问外网也要通过代理实现。

第三章　计算机网络信息加密技术

第一节　密码学

对计算机网络安全来说，数据加密是一项非常重要的内容。在通过因特网传输文件、使用电子邮件进行商务往来的过程中，尤其在通过网络传输机密文件时，往往存在着各种各样的不安全因素。这些不安全因素长期以来固定存在于因特网自有的 TCP/IP 协议中，存在于基于 TCP/IP 的各项服务之中。而对传输数据进行加密可以有效防护多种攻击、漏洞，在加密数据后，即使黑客获取了口令也是不可读的，文件加密后，只有收件人配合使用私钥才能解开，否则文件只能是一堆乱码，没有实际意义。在利用网络传输数据、文件时，使用加密的手段可以有效地防止私有化或机密信息被窃取、拦截。文件加密不仅可以保护文件在网络及电子邮件中的传输，还可以保护静态文件，如要保护硬盘、磁盘中的文件不被他人窃取或者某个文件需要保密时，就可以使用 PIP（个人信息管理）软件来实现这一目的。

加密是保障数据安全的一种方式，是一种主动的信息安全防范措施。其原理是利用加密算法，将明文转换成为无意义的密文，阻止非法用户理解原始数据，从而确保数据的保密性。明文变为密文的过程称为加密，由密文还原为明文的过程称为解密，加密和解密的规则称为密码算法。在加密和解密的过程中，由加密者和解密者使用的加、解密可变参数叫作密钥。目前，获得广泛应用的两种加密技术是对称密钥加密体制和非对称密钥加密体制。

无论是加密运算还是解密运算，密钥都具有关键的作用，是密码系统重要的组成部分。从近代密码体制层面看，密钥是否安全决定了密码系统是否安全，仅凭保密装置或者密钥算法也无法保证密码系统是安全的。即使密码体制被公之于众、密码设备受损或丢失，仍可以继续使用型号相同的加密设备完成加密工作。

但是，一旦密钥出错或者丢失，就会导致信息被非法用户窃取，如果密钥被泄露，则该文档虽然已经被加密，但其保密程度及安全性大大降低，甚至不如使用明文加密，因此，对计算机的安全保密系统设计来说，密钥管理极其重要。密钥管理包括生产、存储、使用、组织、分配、销毁钥匙等各种技术问题，还包括人员素质和行政管理方面的问题。

为保证网络信息的安全，当今世界各主要国家的政府部门都十分重视密码工作，有的设立庞大机构，拨出巨额经费，集中数以万计的专家和科技人员，投入大量高速的电子计算机和其他先进设备进行研究。同时，企业界和学术界也对密码设置日益重视，不少数学家、计算机学家和其他有关学科的专家也投身密码学的研究行列，这些都加快了密码学的发展。

一、密码学的基本概念

密码学是研究编制密码和破译密码的技术科学。研究密码变化的客观规律，应用于编制密码以保守通信秘密的，称为编码学；应用于破译密码以获取通信情报的，称为破译学，统称密码学。

密码是通信双方按约定的规则进行信息交流的一种重要保密手段。依照这些法则，变明文为密文，称为加密变换；变密文为明文，称为解密变换。早期密码仅对文字或数码进行加、解密变换，随着通信技术的发展，对语音、图像、数据等都可实施加、解密变换。

加密有载体加密和通信加密两种。密码学主要研究通信加密，并且仅限于数据通信加密。

要详细、深入地了解密码学，首先要掌握以下基本术语：

①密码。用来检查对系统或数据未经验证访问的安全性的术语或短语。

②加密。通过密码系统把明文变换为不可懂的形式的密文。

③加密算法。实施一系列变换，使信息变成密文的一组数学规则。

④密文。经过加密处理而产生的数据，其语义内容是不可用的。

⑤公共密钥。公共密钥是加密系统的公开部分，只有所有者才知道私有部分的内容。

⑥私有密钥。公钥加密系统的私有部分。私有密钥是保密的，不通过网络传输。

⑦数字签名。附加在数据单元上的一些数据，或是对数据单元所做的密码变换。这种数据或变换允许数据单元的接收者用以确认数据单元的来源和数据单元的完整性，并保护数据，防止被他人（如接收者）伪造。

⑧身份认证。验证用户、设备和其他实体的身份，验证数据的完整性。

⑨机密性。这一性质使信息不泄露给非授权的个人、实体或进程，不为其所用。

⑩数据完整性。信息系统中的数据与原文档相同，未曾遭受偶然或恶意的修改或破坏。

⑪防抵赖。防止在通信中涉及的实体不承认参加了该通信的全部或一部分。其中加密与解密是一对相反的概念。

二、传统加密技术

传统的加密方法可以分为替代密码与换位密码两类。

（一）替代密码

在替代密码中，用一组密文字母来代替一组明文字母以隐藏明文，但保持明文字母位置不变。

最古老的替代密码是恺撒密码，它用 D 表示 a，用 E 表示 b，用 F 表示 c……用 C 表示 z，也就是说，密文字母相对明文字母右移了三位。为清楚起见，一律用小写表示明文，用大写表示密文，这样明文的"cipher"就变成了密文的"FLSKHU"。一般地，可以让密文字母相对明文字母左移一位，这样 K 就成了加密和解密的密钥。这种密码是很容易被破译的，因为最多只须尝试 25 次（K=1~25）即可轻松破译密码。

较为复杂的密码使明文字母和密文字母之间互相映射，它没有规律可循。比如，将 26 个英文字母随意映射到其他字母上，这种方法称为单字母表替换，其密钥是对应整个字母表的 26 个字母。虽然初看起来这个系统是很安全的，因为若要试遍所有 26 种可能的密钥，即使计算机每微秒试一个密钥，也需要 1013年。但事实上完全不需要这么做，破译者只要拥有很少一点密文，利用自然语言的统计特征就很容易破译密码。破译的关键在于找出各种字母或字母组合出现的频率，如经统计发现，英文中字母 e 出现的频率最高，其次是 t、o、a、n、i 等，最常见的两个字母组合依次为 th、in、er、re 和 an，最常见的三个字母组合依次为 the、ing、and 和 ion。因此，破译者首先可将密文中出现频率最高的字母定为 e，频率次高的字母定为 t，然后猜测最常见的两个字母组、多个字母组。比如，密文中经常出现 tXe，就可以推测 X 很可能就是 h，如经常出现 thYt，则 Y 很可能就是 a。采用这种合理的推测，破译者就可以逐字逐句组织出一个试验性的明文。

为去除密文中字母出现的频率特征，可以使用多张密码字母表，对明文中不同位置上的字母用不同的密码字母表来加密。比如，任意选择 26 张不同的单字母密码表，相互间排定一个顺序，然后选择一个简短易记的单词或短语作为密钥，在加密一条明文时，将密钥重复写在明文的上面，则每个明文字母上的密钥字母即指出该明文字母用哪一张单字母密码表来加密。

虽然多字母密码表破译起来有一定的难度，但只要破译者掌握了一定数量的密文，仍旧能够将其内容破译出来。猜测密钥的长度是破译的关键诀窍。首先破译者需要对密钥的长度做出一个假设，然后再按照每行 k 个字母的规律将密文排列起来，形成若干行密文，如果假设与实际结果相同，则在同一列中排列的密文字母在加密时应使用了同一单字母密码表，其中的各个密文字母都与英文有相同的频率分布，即依据由高到低的使用频率及对应明文字母，如 13% 对应 e、9% 对应 t……来破译密文。如果猜测错误，则调整 k 值重新尝试，当猜测正确时，就可以使用破译单字母表密码的方式逐列破译。

（二）换位密码

换位密码（又叫置换加密）是将明文字母互相换位，明文的字母保持相同，但顺序被打乱。它最大的特点是无须对明文字母做任何变换，只须对明文字母的顺序按密钥的规律相应地排列组合后输出形成密文。

线路加密法是一种换位加密。在线路加密法中，明文的字母按规定的次序排列在矩阵中，然后用另一种次序选出矩阵中的字母，排列成密文。如在纵行换位密码中，明文以固定的宽度水平地写出，密文按垂直方向读出。

此种加密方法保密程度较高，但其最大的缺点是密文呈现字母自然出现频率，破译者只要稍加统计即可识别此类加密方法，然后采取先假定密钥长度的方法，对密文进行排列组合，并借助计算机的高速运算能力及常用字母的组合规律，也可以进行不同程度的破译。

以上是传统加密的方法，它有以下特点：一是加密密钥与解密密钥相同；二是加密算法比较简单，主要侧重于增加密钥长度以提高保密程度。

三、公开密钥算法

位操作并不是建立公钥的依据，公钥是以数学函数为基础完成建立的。需要注意的是，公钥加密并不对称，其中包含公钥与私钥两个不同的部分，这一点明显不同于只有一种密钥的常规、对称的加密方式。使用两种密钥加密文件的公开密钥算法的产生，深刻影响了身份验证、密钥分发及机密性领域。要想保证数据的保密性、完整性，发送者认证、发送者不可否认等方面都可以使用公钥加密算法。

在公开密钥算法提出之前，所有密码系统的解密密钥和加密密钥都有很直接的联系，即从加密密钥可以很容易地导出解密密钥。因此，所有的密码学家理所当然地认为应对加密密钥进行保密。

在公开密钥算法中，加密密钥和解密密钥是不同的，并且从加密密钥不能得到解密密钥。为此，加密算法 E 和解密算法 D 必须满足以下三个条件：

①D（E（P））＝P。

②从 E 导出 D 非常困难。

③由一段明文不可能破译出 E。

第一个条件是指将解密算法 D 作用于密文 E（P）后就可获得明文 P；第二个条件是不可能从 E 导出 D；第三个条件是指破译者即使能加密任意一段明文，也无法破译密码。如果能够满足以上三个条件，则加密算法完全可以公开。

公开密钥算法的基本思想：如果某个用户希望接收秘密报文，他必须设计两个算法，即加密算法 E 和解密算法 D，然后将加密算法放于任何一个公开的文件中广而告之，这也是公开密钥算法名称的由来，他甚至还可以公开他的解密方法，只要妥善保存解密密钥即可。当两个完全陌生的用户 A 和 B 希望进行秘密通信时，各自可以从公开的文件中查到对方的加密算法；若 A 需要将秘密报文发给 B，则 A 用 B 的加密算法 E 对报文进行加密，然后将密文发给 B，B 使用解密算法 D 进行解密，而除 B 以外的任何人都无法读懂这个报文；当 B 需要向人发送消息时，B 使用 A 的加密算法 E 对报文进行加密，然后发给 A，A 利用解密算法 D 进行解密。

在使用这种算法时，每个用户都会有两个密钥，向发送报文的一方提供其中公开的加密密钥，在收到加密文件后，使用另外一个保密的解密密钥解密密文，获取文件信息。在公开密钥算法中，通常以公开密钥称呼加密密钥，以私有密钥称呼解密密钥，二者的区分以传统密码学的秘密密钥为依据。由于只有用户自己掌握私有密钥，不会发给他人，所以在文件、数据传输的过程中不需要担心被其他用户泄密，文件数据的安全性十分有保障。在使用公开密钥传出文件数据时，生成中心密钥的设备会先生成一个密钥，再以公开加密算法加密密钥，将加密的密钥发给用户，再由用户使用自己的私有密钥完成解密，操作便捷安全。利用这种算法可以制定出一个较为保密的会话密钥，还可以用于完全陌生的两个用户之间。

四、加密技术在网络中的应用

加密技术用于网络安全通常有两种形式，即面向网络服务或面向应用服务。

面向网络服务的加密技术工作在网络层或传输层，使用经过加密的数据包传送、认证网络路由及其他网络协议所需的信息，从而保证网络的连通性和可用性不受损害。在网络层实现的加密技术对网络应用层的用户而言是透明的。此外，通过适当的密钥管理机制，使用这一方法还可以在公用网络上建立虚拟专用网络，并保障其信息安全性。

面向网络应用服务的加密技术是目前较为流行的加密技术，如使用 Kerbems 服务的 Telnet、NFS、rlogin 等，以及用作电子邮件加密的 PEM（Privacy Enhanced Mail）和 PCP（Pretty Good Privacy）。这一类加密技术实现起来相对较为简单，不需要对电子信息（数据包）所经过的网络安全性能提出特殊要求，对电子邮件数据实现端到端的安全保障。

从通信网络的传输角度，数据加密技术还可分为三类，即链路加密方式、节点到节点方式和端到端方式。

①链路加密方式是普通网络通信安全主要采用的方式。它不但对数据报文的正文进行加密，而且把路由信息、校验码等控制信息全部加密。所以，当数据报文到某个中间节点时，必须被解密以获得路由信息和校验码，进行路由选择、差错检测，然后才能被加密，发送到下一个节点，直到数据报文到达目的节点为止。

②节点到节点加密方式是为了解决在节点中数据明文传输的缺点，在中间节点里装有加、解密的保护装置，由这个装置来完成一个密钥向另一个密钥的交换。因而，除了在保护装置内，即使在节点内也不会出现明文。但是这种方式和链路加密方式一样需要公共网络提供者配合，修改它们的交换节点，增加安全单元或保护装置。

③在端到端加密方式中，由发送方加密的数据在没有到达最终目的节点之前是不被破解的，加、解密只在源宿节点进行。因此，这种方式可以按各种通信对象的要求改变加密密钥，以及按应用程序进行密钥管理等，而且采用这种方式可以解决文件加密问题。

链路加密方式和端到端加密方式的区别是，链路加密方式是对整个链路的通信采用保护措施，而端到端方式则是对整个网络系统采取保护措施。因此，端到端加密方式是未来的发展趋势。

第二节 对称式密码系统与非对称式密钥系统

一、对称式密码系统

（一）对称密码系统的原理

对称密钥系统要有一个集中的安全服务中心，以起到密钥分配中心的作用，负责密钥的生成、分配、存储管理等。

①用户登录到网上。

②在身份证实成功后，会收到一个用户会话密钥，这个密钥用来与安全服务器通信。安全服务器在分配这个密钥的同时保留它的副本，以后用它来对用户发来的信息进行解密。

③用户先启动一个客户程序，然后该客户程序向应用服务器发出服务请求。但在请求提交应用服务之前，客户程序要向安全服务器申请一个准用证，具备准用证之后才可以访问应用服务器。

④安全服务器在这里作为密钥分配中心（KDC），向客户端分配加密的准用证。准用证包括用户身份和一个应用会话密钥。准用证用安全服务器与应用服务器共享的密钥（应用服务密钥）加密，因此，只有它们才能对证书解密，用户无法更改证书。包含准用证和会话密钥的包采用用户密钥加密，只有用户本人可以解密。

⑤客户程序把准用证和应用请求一同提交给应用服务器，如果应用服务器可以对准用证实现解密，则说明该服务器不是冒牌的。由于用户无法更改准用证中的用户身份域，应用服务器可以用准用证证实用户身份。

⑥一旦应用服务器确认了用户身份，便根据与该用户身份对应的存取控制信息决定用户是否有该操作的权力。应用服务器对客户的响应采用应用会话密钥加密。

（二）DES 加解密算法

DES（Data Encryption Standard，数据加密标准）是世界上最为著名的、使用最为广泛的加密算法之一，一直应用于银行业和金融界。

DES 算法的入口参数有三个：Key、Data、Mode。其中 Key 为 8 个字节共 64 位，是 DES 算法的密钥；Data 也为 8 个字节 64 位，是要被加密或被解密的数据；Mode 为 DES 的工作方式，有两种，即加密或解密。

DES 算法是这样工作的：如 Mode 为加密，则用 Key 去对数据 Data 进行加密，生成 Data 的密码形式（64 位）作为 DES 的输出结果；如 Mode 为解密，则用 Key 去对密码形式的数据 Data 解密，还原为 Data 的明码形式（64 位）作为 DES 的输出结果。

DES 可提供 7.2×10^{16} 个密钥，若用每微秒可进行一次 DES 加密的机器来破译密码需要 2000 年。

在通信网络的两端，双方约定了一致的 Key。在通信的源点用 Key 对核心数据进行 DES 加密，然后以密码形式在公共通信网（如电话网）中传输到通信网络的终点。数据到达目的地后，用同样的 Key 对密码数据进行解密，便再现了明码形式的核心数据。这样，便保证了核心数据（如 PIN、MAC）在公共通信网中传输的安全性和可靠性。

通过定期在通信网络的源端和目的端同时改用新的 Key，便能进一步提高数据的保密性，这正是现在金融交易网络的流行做法。

DES 是一种数据分组的加密算法，它将数据分成长度为 64 位的数据块，其中，第 8、16、……、64 位（共 8 位）是奇偶校验位，剩余的 56 位是有效的密码长度。通过一个初始置换，将明文分成均为 32 位长的左半部分和右半部分，然后进行 16 轮完全相同的运算，这些运算被称为函数 f，在运算过程中数据与密钥结合。经过第 16 轮运算后，左右部分合在一起，再经过一个末置换（初始置换的逆置换），DES 算法就完成了。

在每一轮中，密钥位移，然后再从密钥的 56 位中选出 48 位。通过一个扩展置换将数据的右半部分扩展成 48 位，并通过一个异或操作与 48 位密钥结合，通过 8 个 S 盒置换将这 48 位替代成新的 32 位数据，再将其通过 P 盒置换一次。这四步运算构成了函数 f。然后，通过另一个异或运算，函数 f 的输出与左半部分结合，其结果即新的右半部分，原来的右半部分成为新的左半部分。将该操作重复 16 次，便实现了 DES 的 16 轮运算。

（三）EES 加密算法

EES（Escrowed Encryption Standard，契据加密标准或第三方管理密钥的加密标准）是一种特殊形式的对称密钥加密系统，以此作为一种在线路交换电信系统中对语言、传真、计算机信息传输的标准。它是通过在电信设备中使用 Clipper 芯片来实现的，其加密密钥由政府代为保管，司法部门可授权随时获取。

它采用一种被称作 SKIPJACK 的 80 位加密算法，其密钥数量比 DES 多 1600 余倍。

EES 的初衷是满足电话线和传真的安全需要，后逐渐被应用到因特网领域。

1. EES 的工作原理

托管加密标准 EES 是由防窜扰的 Clipper 芯片来实现的，以下从三个方面来介绍其工作原理：

（1）EES 芯片信息

Clipper 芯片除了安装一个固定的操作程序和 SKIPJACK 算法外，还安装了以下信息：①一个唯一的设备密钥 UKA，它是由两个独立的委托代理将各自产生的密钥成分 K_1、K_2 输入程序 UKA = K_1&K_2 产生的，其中 K_1 和身份号 IDA 由委托代理 1 托管，K_2 和 IDA 由委托代理 2 托管。②一个组密钥 FK，且所有可相互操作的 EES 设备含有相同的组密钥等。

（2）EES 加解密过程

若用户 A 想使用他的 Clipper 芯片将加密消息 M 传送给用户 B，则 A 用户首先要使用密钥分配协议与用户 B 交换会话密钥，然后 A 把会话密钥 K 和消息 M 输入 ChipA。ChipA 产生两部分信息——E（K，M）和 LEAF（A，K），其中，E（K，M）是用 SKIPJACK 算法和密钥 K 对消息 M 加密所得的密文，LEAF（A，K）是用组密钥 FK 对一个 128 比特串加密的密文，其形式如下：

$$LEAF(A，K) = E[FK，D(A，K)] \qquad (3-1)$$
$$D(A，K) = < IDA，E(UKA，K)，F(A，K，IV) > \qquad (3-2)$$

其中，$D(A，K)$ 含有一个 32 比特的用户 A 的身份号 IDA，一个 80 比特长的会话密钥加密拷贝，一个 16 比特长的校验和 $F(A，K，IV)$。

用户 B 收到密文 E（K，M）和 LEAF（A，K）后，虽然知道会话密钥 K，但由于不知道 SKIP-JACK 算法，仍无法解密，所以只有利用 Clipper 芯片才能解密，且每个 Clipper 芯片的解密过程被按照如下程序固化：

①Clipper 芯片首先使用族密钥 FK 解密 LEAF（A，K）得到

$$D(A，K) = < IDA，E(UKA，K)，F(A，K，IV) > \qquad (3-3)$$

②Clipper 芯片计算 $F(A，K，IV)$，并把结果与收到的校验和相比较，如果相等，则转到③，否则停止计算。

③Clipper 芯片使用 SKIPJACK 算法和密钥 K 对 E（K，M）解密恢复出明文 M。注意：由上面解密过程可知用户 B 可使用任一个 Clipper 芯片来解密。

（3）EES 监听过程

监听机构获取法律部门颁发的监听证书指令后，通过以下过程实施监听：

①监听机构将指令和 IDA 分别出示给两个委托代理。

②委托代理验证了法院的指令后，分别把他们所托管的用户 A 的密钥碎片 K_1、K_2 和组密钥 FK 交给监听机构。

③监听机构首先利用 FK 解出 D（A，K），然后由 UKA = K_1&K_2 计算出

UKA，再用 UKA 解密 E（UKA，K）得到会话密钥 K，最后用 K 解密 E（K，M），恢复出明文 M，从而实现对 A 与 B 通信的监听。

2. EES 的安全性

SKPJACK 算法属于对称密钥体制，是 EES 的核心，它使用 80 比特的密钥来将 64 比特的输入变换成 64 比特的输出。

SKIPJACK 算法的分组长度与 DES 一样，但密钥比 DES 长 24 比特。它支持 ECBCBC、64 位 OFB 和 1 位、8 位、16 位、32 位、64 位的 CFB 加密方式。

为了向外界证实该算法的可靠性，美国政府邀请了五位独立的数据安全专家（大学教授或有关权威）对 SKIPJACK 算法进行评价，得出结论：用目前已知的任何方法尚不能攻破。

二、非对称式密钥系统

与对称加密算法不同，非对称加密算法需要两个密钥：公开密钥和私有密钥。公开密钥与私有密钥是一对，如果用公开密钥对数据进行加密，只有用对应的私有密钥才能解密；如果用私有密钥对数据进行加密，那么只有用对应的公开密钥才能解密。因为加密和解密使用的是两个不同的密钥，所以这种算法叫作非对称加密算法，也叫公钥加密算法。

（一）工作原理

如图 3-1 所示，甲乙之间使用非对称加密的方式完成了重要信息的安全传输。

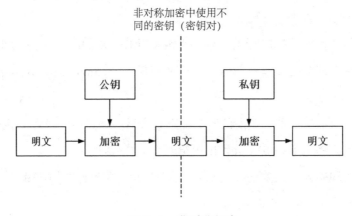

图 3-1　非对称加密

①乙方生成一对密钥（公钥和私钥）并将公钥向其他方公开。

②得到该公钥的甲方使用该密钥对机密信息进行加密后再发送给乙方。

③乙方再用自己保存的另一把专用密钥（私钥）对加密后的信息进行解密。乙方只能用其专用密钥（私钥）解密由对应的公钥加密后的信息。

在传输过程中，即使攻击者截获了传输的密文，并得到了乙的公钥，也无法破解密文，因为只有乙的私钥才能解密密文。

同样，如果乙要回复加密信息给甲，那么需要甲先公布甲的公钥给乙用于加密，甲自己保存甲的私钥用于解密。

（二）优缺点

非对称加密与对称加密相比，其安全性更好。对称加密的通信双方使用相同的密钥，如果一方的密钥泄露，那么整个通信就会被破解；而非对称加密使用一对密钥，一个用来加密，一个用来解密，而且公钥是公开的，私钥是自己保存的，不需要像对称加密那样在通信之前要同步密钥。

非对称加密的缺点是加密和解密花费时间长、速度慢，只适合对少量数据进行加密。

在非对称加密中使用的主要算法有 RSA、Elgamal、背包算法、Rabin、D–H、ECC（椭圆曲线加密算法）等。

（三）RSA 加解密算法

RSA 算法是现今使用最广泛的公钥密码算法，也号称地球上最安全的加密算法。

1. RSA 加密

RSA 的加密过程可以使用一个公式来表达，即

$$密文 = 明文^E \bmod N \qquad (3-4)$$

也就是说，RSA 加密是对明文的 E 次方后除以 N 后求余数的过程。只要知道 E 和 N 任何人都可以进行 RSA 加密了，所以说 E、N 是 RSA 加密的密钥，也就是说 E 和 N 的组合就是公钥，我们用（E，N）来表示公钥。

不过 E 和 N 并不是随便什么数都可以的，它们都是经过严格的数学计算得出的。

2. RSA 解密

RSA 的解密同样可以使用一个公式来表达，即

$$明文 = 密文^D \bmod N \tag{3-5}$$

也就是说，对密文进行 D 次方后除以 N 的余数就是明文，这就是 RSA 解密过程。知道 D 和 N 就能进行解密密文了，所以 D 和 N 的组合就是私钥，我们用（D，N）来表示私钥。

由此可以看出 RSA 的加密方式和解密方式是相同的，加密是求"明文的 E 次方 $\bmod N$"；解密是求"密文的 D 次方 $\bmod N$"。

3. 生成密钥对

既然公钥是（E，N），私钥是（D，N），所以密钥对即为（E，D，N），但密钥对是怎样生成的呢？接下来求解 N、$\varphi(n)$（N 的欧拉函数值）、E 和 D。

①求 N_0 选取两个大质数 p、q。这两个数不能太小，太小则容易被破解，将 p 乘以 q 就是 N。

②求 N 的欧拉函数 $\varphi(N)$。$\varphi(N)$ 表示在小于等于 N 的正整数中，与 N 构成互质关系的数的个数。如果 $n = P \times Q$，P 与 Q 均为质数，则

$$\varphi(n) = \varphi(P \times Q) = \varphi(P-1)\varphi(Q-1) = (P-1)(Q-1) \tag{3-6}$$

③求 E。必须满足以下条件：E 是一个比 1 大比 $\varphi(N)$ 小的数；E 和 $\varphi(N)$ 的最大公约数为 1。之所以需要 E 和 $\varphi(N)$ 的最大公约数为 1，是为了保证一定存在解密时需要使用的数 D。现在出了 E 和 N，也就是说已经生成密钥对中的公钥了。

④求 D。数 D 是由数 E 计算出来的。D、E 和 $\varphi(N)$ 之间必须满足以下关系：

$$1 < D < \varphi(N) \tag{3-7}$$

$$E \times D \bmod \varphi(N) = 1 \tag{3-8}$$

只要 D 满足上述两个条件，则通过 E 和 N 进行加密的密文就可以用 D 和 N 进行解密。简单地说，第二个条件是为了保证密文解密后的数据就是明文。现在私钥自然也已经生成了，密钥对也就自然生成了。

（四）SM2 加解密算法

1. SM2 加解密算法概述

SM2 算法和 RSA 算法都是公钥密码算法，而 SM2 算法是一种更先进安全的

算法，在我们国家商用密码体系中被用来替换 RSA 算法。

随着密码技术和计算机技术的发展，目前常用的 1024 位 RSA 算法面临严重的安全威胁，我们国家密码管理部门经过研究，决定采用 SM2 椭圆曲线算法替换 RSA 算法。

2. 算法原理

（1）椭圆曲线密码算法

椭圆曲线是一类二元多项式方程，它的解构成一个椭圆曲线。

椭圆曲线上的解不是连续的，而是离散的，解的值满足有限域的限制。有限域有两种：Fp 和 $F2m$。

Fp：一个素整数的集合，最大值为 $P-1$，集合中的值都是素数，里面元素满足以下模运算：

$$a + b = (a + b)\bmod p \ \text{和} \ a \times b = (a \times b)\bmod p \tag{3-9}$$

椭圆曲线参数：定义一条唯一的椭圆曲线。介绍其中两个参数 G（基点）和 n（阶）。G 点 (x_G, y_G) 是椭圆曲线上的基点，有限域椭圆曲线上所有其他的点都可以通过 G 点的倍乘运算得到，即 $P = [d]G$，d 也是属于有限域，d 的最大值为素数 n。

SM2：有限域 Fp 上的一条椭圆曲线，其椭圆曲线参数是固定值。

加密的依据：$P = [d]G$，G 是已知的，通过 d 计算 P 点很容易，但是通过 P 点倒推 d 是通过计算难以实现的，因此，以 d 为私钥，P 点 (X_p, Y_p) 为公钥。

（2）SM2 加密算法

输入：长度为 klen 的比特串 M，公钥 PB。

输出：SM2 结构密文比特串 C。

算法：

①产生随机数 k，k 的值从 1 到 $n-1$；

②计算椭圆曲线点 $C_1 = [k]G = (x_1, y_1)$，将 C_1 转换成比特串；

③验证公钥 PB，计算 $S = [h]PB$，如果 S 是无穷远点，出错退出；

④计算 $(x_2, y_2) = [k]PB$；

⑤计算 $t = \text{KDF}(x_2 \parallel y_2, \text{klen})$，KDF 是密钥派生函数，如果 t 是全 0 比特串，返回第①步；

⑥计算 $C_2 = M + t$ ；

⑦计算 $C_3 = Hash(x_2 \parallel M \parallel y_2)$ ；

⑧输出密文 $C = C_1 \parallel C_3 \parallel C_2$ ，C_1 和 C_3 的长度是固定的，C_1 是 64 字节，C_3 是 32 字节，很方便 C 从中提取 C_1、C_3 和 C_2。

注：通过密钥派生函数计算，才能进行第⑥步的按位异或计算。

（3）SM2 解密算法

输入：SM2 结构密文比特串 C ，私钥 dB ；

输出：明文 M' 。

算法：

①从密文比特串 $C = C_1 \parallel C_3 \parallel C_2$ ，中取出 C_1，将 C_1 转换成椭圆曲线上的点；

②验证 C_1，计算 $S = [h] C_1$，如果 S 是无穷远点，出错退出；

③计算 $(x_2, y_2) = [dB] C_1$ ；

④计算 $t = KDF(x_2 \parallel y_2,\ \text{klen})$ ，KDF 是密钥派生函数，如果 t 是全 0 比特串，出错退出；

⑤从 $C = C_1 \parallel C_3 \parallel C_2$ 中取出 C_2，计算 $M' = C_2 + t$ ；

⑥计算 $u = Hash(x_2 \parallel M' \parallel y_2)$ ，比较 u 是否与 C_3 相等，不相等则退出；

⑦输出明文 M' 。

第三节　安全隔离与信息交换技术

一、网络安全隔离与信息交换技术概述

（一）网络安全体系架构的演变

想要深入了解网络安全隔离技术，首先要对网络安全体系的架构做更深入的了解。如今在网络安全市场中，主流产品为防火墙、VPN 与入侵检测。防火墙是网络安全体系的核心，而联动则是网络安全体系未来发展的方向。

在如今的网络安全市场里，将防火墙作为核心的安全体系是最流行的一种架构。人们在防火墙的发展过程中逐渐意识到其在安全方面有一些局限性，无法解

决高安全性、高性能和易用性这些方面之间的矛盾，那些核心防火墙的安全防御体系很难有效阻止如今频发的网络攻击。由于防火墙体系架构存在安全性的缺陷，所以人们迫切寻求更加强有力的技术手段来保障网络安全，这便是物理隔离网闸技术诞生的原因。

在安全市场上，物理隔离网闸技术就像一匹黑马。随着漫长的市场演变，市场终于认可了隔离网闸的高安全性。物理隔离网闸可以直接中断网络连接，而且会剥离协议、检查协议，将其还原为初始数据，检查和扫描数据，甚至要求数据的属性，它不依赖操作系统，也不支持 TCP/IP 协议。也就是说，它对 OSI 七层实现全面检查，并从异构介质上将所有数据进行补充。所以物理隔离网闸技术实现了隔离网络，并在阻止网络入侵的前提下，让用户可以安全地进行数据交换。

但物理隔离网闸技术并非代替防火墙、防病毒系统、入侵检测等安全防护系统的存在的，它是用户进行"深度防御"的基石。和防火墙相比，物理隔离网闸技术有着截然不同的指导思想：防火墙会在确保相互联通的情况下尽可能安全；而物理隔离网闸技术则是在保证绝对安全的情况下尽可能相互联通。

物理隔离网闸技术要解决的问题如下：

1. 操作系统的漏洞

操作系统是一个平台，要支持各种各样的应用，它有下列特点：①功能越多，漏洞越多；②应用越新，漏洞越多；③用的人越多，找出漏洞的可能性越大；④使用越广泛，漏洞曝光的概率越大；⑤黑客攻击防火墙，一般都是先攻击操作系统，控制了操作系统就控制了防火墙。

2. TCP/IP 协议的漏洞

TCP/IP 协议是冷战时期的产物，目标是保证通达。通过来回确认以保证数据的完整性，不确认则要求重传。TCP/IP 协议没有内在的控制机制来支持源地址的鉴别，来证实 IP 从哪儿来，这就是 TCP/IP 协议漏洞的根本原因。黑客利用 TCP/IP 协议的这个漏洞，可以使用侦听的方式来截获数据，能对数据进行检查，推测 TCP 的系列号，修改传输路由、修改鉴别过程，插入黑客的数据流。莫里斯病毒就是利用这一点，给互联网造成了巨大的危害。

3. 防火墙的漏洞

防火墙要保证服务，就必须开放相应的端口。例如，防火墙要准许 HTTP 服务，就必须开放 80 端口；要提供 MAIL 服务，就必须开放 25 端口。因此，防火墙不能防止对开放的端口进行攻击；当利用 DOS 或 DDOS 对开放的端口进行攻击时，防火墙无法防止利用开放服务流入的数据来攻击，无法防止利用开放服务的数据隐蔽隧道进行攻击，无法防止攻击开放服务的软件缺陷。

防火墙不能防止对自己的攻击，只能强制对抗。防火墙本身是一种被动防卫机制，不是主动安全机制。防火墙不能干涉还没有到达防火墙的包，如果这个包是攻击防火墙的，只有已经发生了攻击，防火墙才可以对抗，而根本不能防止。

目前还没有一种技术可以解决所有的安全问题，但是防御的深度越深，网络越安全。物理隔离网闸技术是目前唯一能解决上述问题的技术手段。

（二）网络安全隔离与信息交换技术的发展

要安全有效地屏蔽内部网络各种漏洞，保护内部网络不受攻击，最有效的办法是实现内、外网络间的安全隔离，从而提升内部网络的整体安全性。网络安全隔离与信息交换技术的发展适应了信息安全的需要，同时也是信息安全技术不断进化的产物。

网络安全隔离技术的发展经历了数个阶段，衍生出多种产品，其实现方法基本可分为两种：基于空间的隔离方法和基于时间的隔离方法。

基于空间的隔离方法一般采用分别连接内、外部网络的两套设备，通过中间存储设备在内、外网络间完成信息交换。基于时间的隔离方法则认为，用户在不同时刻使用不同网络，通过在一台计算机上定义两种状态，分别对应内部网络（安全）状态和公共网络（公共）状态，以保证用户在一定时刻只能处于其中一种状态。时间、空间的隔离方法在具体实现中通常都会有一定的交叉。

将两种隔离方法有机融合的新技术思路最终促成网络安全隔离与信息交换技术的出现。

而从产品发展过程看，技术演变从起源的人工数据交换发展到隔离网卡、隔离 HUB，进而进入当前网络安全隔离与信息交换技术阶段。

1. 网络安全隔离与信息交换技术起源——"人工数据交换"

网络安全隔离与信息交换技术源自两个网络彻底断开的情况下，解决数据交换的问题所使用的"人工数据交换"。

网络人工数据交换由人工操作，包括两个网络：不可信网络和可信网络。两个网络之间物理隔断，若在两个网络间传递数据，则须人工复制后再放置到另一个网络上。在大多数人工数据交换网络方案中，也有一个独立的计算机，或者一个与两个网络分离的 DMZ 区域，以用于对数据进行安全检查。

明显可以看出网络人工数据交换技术的安全级别非常高，任何人都无法从不可信网络对可信网络的计算机进行访问和操纵。每一个传递到可信网络中的数据都会放到安全环境里进行审查，这是保证信息从不可信网络传递到可信网络最为安全的方法。

然而，网络人工数据交换也存在许多自身的限制，具体包括以下两个方面。

①数据在两个网络之间手动传输速度太慢，对大多数在线应用来说是无法忍受的。

②人工数据交换网络只限于传输文件，而在许多情况中所必须形成应用程序密钥和通信协议的命令则不能通过，从而使某一网络上的用户不可能有效地使用另一网络上的计算机资源进行交互操作。所以人工数据交换不支持很多网络运作，应用范围受到限制。

人工数据交换的方法采用空间隔离，从而使得网络处于信息孤岛状态，虽然实现完全的物理隔离，但需要至少两套网络和系统，且并没有解决病毒、机密泄露等网络威胁。更重要的是，信息交流的不便和成本的提高，都给维护和使用带来了极大的不便。

2. 网络安全隔离与信息交换技术发展——网络硬件隔离

以硬件隔离卡、隔离 HUB 为代表的网络硬件隔离技术较网络人工数据交换技术在实时性上有了一定的进步。

硬件隔离卡在客户端增加一块硬件卡，客户端硬盘或其他存储设备首先连接到该卡，然后再转接到主板上，通过该卡能控制客户端硬盘或其他存储设备。而在开机选择不同的硬盘启动时，同时选择了该卡上不同的网络接口，从而连接到不同的网络。硬件隔离卡是网络空间、时间隔离的雏形。但是，这种隔离产品有的仍然需要网络布线为双网线结构，产品存在着较大的安全隐患。另外，网络的切换需要重新启动系统，数据交换的实时性仍然较差。

隔离 HUB 技术则通过切换可信与不可信网络，分时使用不同的网络，从时间上实现了不同网络间的隔离。

这类技术的缺点在于仍然无法解决数据交互的实时性。另外，由于存在公用空间或设备，为入侵可信网络留下了安全隐患，病毒、泄密等威胁没有消除，网络中的数据交换无法得到监控。

3. 新型网络安全隔离与信息交换技术

随着硬件的发展及软件技术的进步，在借鉴防火墙等常规网络防护技术的优势并结合病毒防护、访问控制、日志审计等多种网络安全技术后，网络安全隔离与信息交换技术发展到了一个全新的阶段，出现了在网络拓扑中替代防火墙位置，而在安全性、实用性上融合多种网络安全技术优点的新型技术框架，并已进入产品实用阶段。

在空间上，内、外网络只能分时与交换存储介质相连通，通过交换存储介质"摆渡"数据，从而在空间上切断了内、外网络间的直接连接；在时间上，某一时刻用户只能处于内网或外网状态下，既实现安全状态的隔离又快速交换数据。这样，既通过空间隔离技术切断网络间的直接连接，又借助时间隔离技术实现状态隔离与数据交换。采用这种模型，结合完整的协议检查，既切断网络直接连接，屏蔽各种 TCP/IP 协议攻击，保证内部网络安全，又通过中间交换存储介质实现"数据摆渡"，进行安全、快速的网络信息交换。在与病毒防护、访问控制、内容过滤、日志审计等技术相结合后，内部（可信）网络的安全级别得以大幅提高，减少了各种网络威胁和机密泄露的可能。

防范未知的网络攻击，以及与网络内部勾结发起的攻击，预防网络内部机密信息的泄露是防火墙等当前主流信息安全产品难以胜任的。原有的信息安全防护技术主要针对已知的攻击类型或填补已知的协议漏洞，网络安全的定义局限在一定范围、一定时间内。信息安全迫切需要一种在初始设计上就考虑 TCP/IP 协议安全缺陷，以及各种可能的攻击手段，并以一定理论依据为指导的新型网络防护技术。威胁与需求共同催生了网络安全隔离与信息交换技术。网络安全隔离与信息交换技术针对已知、未知的网络攻击及协议漏洞，为操作系统缺陷提供防护，把内部网络安全级别提高到较高的层次上。

（三）网络隔离系统的安全目的

根据网络隔离与安全交换系统自身的特点和其面临的安全威胁，从可用性、完整性和可核查性等安全原则出发，可以将其安全目的细化为以下五点：

①在信息物理传导上使内外网络隔断，确保外部网不能通过网络连接侵入内部网，同时阻止内部网信息通过网络连接泄露到外部网。

②对被隔离的计算机信息资源提供明确的访问保障能力和访问拒绝能力，防止未授权数据的入侵和敏感信息泄露，并防范基于网络协议的攻击。

③对系统发生的安全行为进行日志审计。

④对每个授权管理员进行身份鉴别与权限控制，拒绝越权的配置管理请求。

⑤确保数据的完整性，保护储存的鉴别数据和过滤策略不受未授权查阅、修改和破坏。

二、安全隔离与信息交换技术原理

（一）安全隔离与信息交换的轮渡模型

人们经常会在日常生活中遇到"隔离"的情况。如果一些障碍阻碍了人们的正常交流或出行，人们就会借助工具来跨越障碍。比如，一条河流阻碍了人们前行的道路，人们在建造跨越河流的桥梁前，如果想过河，就需要乘坐专门的渡船。当道路被河流截断时，人们就需要离开陆地上的交通工具，然后坐船过河，过了河之后再回到陆地交通工具上继续赶路。而在网络与信息技术上，渡船其实就是安全隔离和信息交换。把网络链路传输的各种数据比作要赶路的人，那陆路和水路便是不同的网络链路物理介质，而如果说通过通信协议交换数据就是乘车，那乘船便是非通信协议数据交换，剥离网络协议就是下车乘船，重组网络协议就是下船乘车。

安全隔离应该是满足 OSI 模型七个层次上的断开。从这个"轮渡"模型可以看出，陆路和水路两种不同的物理介质实现了物理层的断开，即不能基于一个物理层的连接来完成一个 OSI 模型中的数据链路的建立。在隔离装置中采用非通信协议进行数据交换，也就是在隔离装置的物理层消除了通信协议的存在，实现了数据链路层的断开。网络协议的剥离与重组体现了 TCP/IP 连接和应用连接的断开，也就是 OSI 模型第三层至第七层的隔离实现。

安全隔离与信息交换设备通常应用在两个不同安全域的网络环境里，往往是高安全域的网络用户发起访问请求，从低安全域的网络资源里取回数据。因此，在这个模型中，可以针对目前流行的网络攻击行为来分析采用安全隔离与信息交换设备后可以降低哪些风险。

采用安全隔离与信息交换设备后，最坏的情况是与低安全域相连的计算机受到网络攻击的影响，而高安全域的网络用户和资源可以有效地避开遭受攻击的风险。

（二）物理隔离

物理隔离是解决网络不安全性的一种技术，物理隔离从广义上讲分为网络隔离和数据隔离，只有达到这两种要求才是真正意义的隔离。而其他隔离形式主要是从网络安全等级考虑来划分合理的网络安全边界，使不同安全级别的网络或信息媒介不能相互访问。

1. 网络隔离

针对网络隔离，简单地，说就是把被保护的网络从开放、无边界、自由的环境中独立出来，从而达到网络隔离，这样，公众网上的黑客和计算机病毒就无从入手，更谈不上入侵了。而怎么实现隔离呢？最直观、简单、可靠的方法就是通过网络与计算机设备的空间上的分离开（没有电气联结）来实现。在一个办公室、同一个大楼建若干个物理网络是网络建设中必不可少的。

另外，在目前的市场上还有一些网络隔离是利用网络的 VLAN（虚拟局域网）技术来实现的。现今的 VLAN 技术是在处于第二层的交换设备上实现了不同端口之间的逻辑隔离，在划分了 VLAN 的交换机上，处于不同 VLAN 的端口之间将无法直接通过两层交换设备进行通信。从安全性的角度讲，VLAN 首先分割了广播域，不同的用户从逻辑上看是连接在不互相连接的、不同的两层设备上，VLAN 间的通信只能通过三层路由设备进行。实施 VLAN 技术，可以实现不同用户之间在两层交换设备上的隔离。外部攻击者无法通过类似用户认证及访问控制技术在同一广播域内才可能实施的攻击方式对其他用户进行攻击。

2. 数据隔离

无论采取的网络隔离是逻辑隔离还是物理隔离，当计算机可以连接多个网络时，网络隔离就失去了意义。因为当一台计算机连接到两个以上的网络时，如果没有隔离其存储设备，让一个操作系统连接了多个网络，计算机病毒就可以自由地在网络间传播，攻击另一个网络，影响正常的工作，甚至造成严重的损失。这种现象经常发生在政府部门和公司这些地方，有时候即便有网络隔离，但网络安全依然受到严重威胁。因此，进行数据隔离十分必要。

三、安全隔离与信息交换技术的实现

（一）基于 OSI 七层模型的隔离实现

1. 物理层和数据链路层的断开

目前，国际上有关网络隔离的断开技术有两大类：一类是动态断开技术，如基于 SCSI 的开关技术和基于内存总线的开关技术；另一类是固定断开技术，如单向传输技术。

（1）动态断开技术

动态断开技术主要是通过开关技术实现的。一般由两个开关和一个固态存储介质组成。开关是被独立控制逻辑来单独控制的，该控制电路可以保证两个开关不会在相同时间内闭合，以此来实现 OSI 模型物理层断开。开关本身不能保证 OSI 模型的物理层断开，但是通过两个开关的组合逻辑完全可以实现两台主机之间的物理层断开，即不能基于一个物理层的连接来完成一个 OSI 模型中的数据链路的建立。数据链路层断开的关键在于消除通信协议，因为数据链路的通信协议使用"呼叫应答"机制来建立会话和保证传输的可靠性，如果消除了通信协议也就杜绝了利用这种机制产生拒绝服务攻击的可能。在动态断开技术中采用读和写两个命令实现数据交换，即只能将数据写入固态存储介质或者从固态存储介质中读取数据，从而实现了数据链路层的断开。

（2）固定断开技术

固定断开技术采用的是单向传输，单向传输就像单向传输给电视机的电视台电视信号，无须开关，而接受单向传输者无法控制也无法攻击发起者。将这个原理应用于网络技术，就可以避免单向传输的接受者网络攻击发起者。单向传输技术要实现数据链路层与物理层的断开比较简单，通过硬件单向，像以太介质，只需要将双方的接收、发送线路剪断即可实现物理层断开。采用类似动态断开技术里的写命令，就可以消除数据链路层的通信协议，从而实现数据链路层的断开。

单向传输从本质上改变了通信的概念，不再是双方交互通信，而是变成了单向传播。采用两套独立的单向传输系统，也可以实现数据的有效交换。

2. 网络层和传输层的断开

OSI 模型的网络层和传输层的断开就是 TCP/IP 连接的断开。一般将一个 TCP/IP 连接断开成两个独立的 TCP/IP 连接，可以使用 NAT 或者 TCP 代理等技术，但这种断开技术共享了同一台主机的资源，一旦外部连接被入侵者控制，内部连接的信息就暴露给了入侵者。因此，在实现 TCP/IP 连接断开时，必须将拆分后的两个 TCP/IP 连接由内端机和外端机分别处理，这两个 TCP/IP 连接的对应关系可以通过定义一种特殊格式的表单进行映射，这种表单由协议分解模块生成。严格按照 RFC 标准的规定将 TCP/IP 中的必要参数记录下来，通过数据交换子系统发送到另一端后，由协议重构模块按照 RFC 标准进行重构和封装。

网络层的断开，就是剥离所有的 IP 协议。因为剥离了 IP，就不会基于 IP 包来暴露内部的网络结构，也就没有了真假 IP 地址之说，没有了 IP 碎片，消除了所有基于 IP 协议的攻击。

传输层的断开，就是剥离 TCP 或 UDP 协议。由此，消除了基于 TCP 或 UDP 的攻击。

3. 会话层、表示层和应用层的断开

OSI 模型的第五层至第七层的断开就是应用连接的断开。与 TCP/IP 连接断开方式类似，由内端机和外端机分别处理拆分后的两个应用连接，它们之间的对应关系同样由协议分解模块生成的表单进行映射。表单同时还包括应用协议类型、数据及命令参数等信息，通过数据交换子系统发送到另一端后，由协议重构模块根据表单内容还原应用会话。

安全隔离与信息交换设备的安全机制是网络隔离，其本身没有网络功能，默认是不支持任何应用的，因此，如果要支持某种应用，就必须单独增加这种应用的安全交换模块，从应用层讲就是定制应用代理。这是一种"白名单"机制，只有白名单上有的应用，设备才支持基于这种应用的数据交换。

一般来说，安全隔离与信息交换设备支持的应用不是越多越好，也不一定要求支持某种应用的全部功能。因此，在实现具体的应用代理机制时通常会选择典型的应用，如支持 HTTP 协议、FTP 协议、SMTP 和 POP 协议，有时考虑到实际应用需求还会把某些命令屏蔽掉，如 FTP 协议里的 PUT 命令。

物理隔离网闸采用的物理隔离就是指七层全部断开。每层的断开，尽管降低了其他层被攻击的概率，但并没有从理论上排除其他层的攻击。物理隔离网闸是在对 OSI 模型的各层进行全面断开的基础上，实现文件或数据的交换。

（二）"摆渡"技术的实现

物理层的断开使用了一种电子开关加固态存储介质的装置，同时，这个装置也是摆渡数据的工具。这个由独立控制逻辑控制的固态存储介质配以专用的数据交换协议，不仅实现了物理层和数据链路层的断开，同时也实现了内、外网之间的数据交换。

目前，主流的断开加摆渡的技术有基于 SCSI 协议、基于总线技术和基于单向传输技术三种。SCSI 是一个外设读写协议，也是一个主从的单向协议，数据交换的正确性不像通信协议那样通过维持会话交换确认信息来判断，而是通过自身一套外设读写机制来保证读写数据的正确性和可靠性。利用 SCSI 本身的控制逻辑或者两个独立的 CPLD 控制电路，可以方便地实现数据交换子系统与内、外端机之间只与一端连通。

基于总线的隔离技术源于并行计算，采用双端口的静态存储器配合基于独立的 CPLD 控制电路，以实现在两个端口上的开关。双端口各自通过开关连接到独立的计算机主机上，并且两个开关不能同时闭合，从而实现物理层和数据链路层的断开。由于内存存储介质本身在计算机中的用途非常广泛，几乎所有的信息如文件、应用数据和包数据等都可以写在内存里，因此，在安全设计上需要认真考虑实现方法，因为这种技术非常容易实现包的存储和转发。

单向传输技术可以确保数据的单方向传输，两个独立的单向传输系统即可进行数据交换。由于单向传输本身的不可靠性，因此，在实现时需要通过其他机制来提供可靠保障，如 ARID 技术。

四、网络安全中的物理隔离技术

（一）基于不同层面的隔离防护技术

在信息及网络安全技术领域，存在基于不同层面的隔离防护技术。

1. 基于代码、内容等隔离的防病毒和内容过滤技术

随着网络的迅猛发展和普及，浏览器、电子邮件、局域网已成为病毒、恶意代码等最主要的传播方式。通过防病毒和内容过滤软件可以将主机或网络隔离成相对"干净"的安全区域。

2. 基于网络层隔离的防火墙技术

防火墙被称为网络安全防线中的第一道闸门，是目前企业网络与外部实现隔离的最重要的手段。防火墙包括包过滤、状态检测、应用代理等防控手段。目前，主流的状态检测不但可以实现基于网络层的 IP 包头和 TCP 包头的策略控制，还可以跟踪 TCP 会话状态，给用户提供安全和效能的完美结合。而漏洞扫描、入侵检测等技术并不直接"隔离"，而是通过旁路监测监听、审计、管理等功能使安全防护作用最大化。

3. 基于物理链路层的隔离技术

物理隔离思路是从逆向思维发展而来的，也就是将可能出现的攻击途径进行切断，如物理链路，之后再让用户应用得到满足。物理隔离技术随着时代发展历经了多个阶段，包括双机双网借助人工磁盘进行拷贝，以此来实现网络之间的隔离；单机双网借助物理隔离卡切换机制实现终端隔离目标；隔离服务器进行网络文件的交换拷贝；等等。各种物理隔离方式并不需要多高的信息交换时效性，而是通常运用于小规模网络里的少量文件交换情况。切断物理通路就直接避免了网络入侵，但是磁盘拷贝依旧可能会成为病毒攻击内网的途径。而且，由于没有信息交换机制，沟通受阻，因而形成了信息孤岛，只能使用文件方式来交换数据，缺乏实时性，难以更好地应用。除此之外，隔离卡会导致安全点比较分散，因此，管理时往往十分困难。

（二）物理隔离技术

传统物理隔离闸技术虽确保了网络的安全性，但因缺乏信息交换机制的局限性，往往会形成流通不畅的"孤岛"，而限制了应用的发展。近期，国内外快速发展起来的 GAP 技术，以物理隔离为基础，在确保安全性的同时，解决了网络之间信息交换的困难，从而突破了因安全性造成的应用瓶颈。

GAP 源于英文的"Air Gap"，GAP 技术是一种通过专用硬件使两个或者两

个以上的网络在不连通的情况下，实现安全数据传输和资源共享的技术。GAP 中文名字叫作安全隔离网闸，它采用独特的硬件设计，能够显著地提高内部用户网络的安全强度。

物理隔离网闸应用在下面的五种场合环境中：

①涉密网与非涉密网之间。

②局域网与互联网之间（内网与外网之间）：有些局域网络，特别是政府办公网络，涉及政府敏感信息，有时需要与互联网在物理上断开，用物理隔离网闸是一个常用的办法。

③办公网与业务网之间：由于办公网络与业务网络的信息敏感程度不同，例如，银行的办公网络和银行业务网络就是很典型的信息敏感程度不同的两类网络。为了提高工作效率，办公网络有时需要与业务网络交换信息。为解决业务网络的安全，比较好的办法就是在办公网与业务网之间使用物理隔离网闸，实现两类网络的物理隔离。

④电子政务的内网与专网之间：在电子政务系统建设中要求政府内网与外网之间用逻辑隔离，在政府专网与内网之间用物理隔离。现常用的方法是物理隔离网闸。

⑤业务网与互联网之间：电子商务网络一边连接着业务网络服务器，另一边通过互联网连接着广大民众。为了保障业务网络服务器的安全，在业务网络与互联网之间应实现物理隔离。

根据用户不同的需求，物理隔离技术分为桌面级和企业级。硬盘隔离卡、物理隔离集线器等能满足一般的对物理隔离的需求，能最大限度地保障用户工作站安全地访问涉密网络，又可以访问非涉密网络，属于桌面级的应用；单向和双向物理隔离网闸既能够保障涉密网络和非涉密网络之间数据交换的安全，又可以很方便地实现单向/双向的数据交换，克服了桌面级应用中的"孤岛"问题，属于企业级的应用。

1. 桌面级物理隔离产品

（1）硬盘隔离卡

物理安全隔离卡其实是一种比较低级的物理隔离实现方式，一张只能在 Windows 环境下工作的物理安全隔离卡，只能保障一台计算机的安全，且必须通过开关机来进行切换。物理安全隔离卡就是通过物理方式把 PC 直接虚拟成两个电脑，让工作站呈现出双重状态，既是公共状态，又是安全状态，状态之间完全隔离，其中仪态工作站就可以在安全的情况下与内网、外网连接。物理安全隔离卡设置在 PC 最低物理层上，借助卡的 IDE 总线与主板连接，另一边与硬盘连接，所有内、外网的连接都会通过网络安全隔离卡。PC 机硬盘被物理分隔成两个区域、在 IDE 总线物理层上，在固件中控制磁盘通道，在任何时候，数据只能通往一个分区。

主机在安全状态中只能通过硬盘安全区连接内部网，并断开和外部网的连接，封闭硬盘的公共通道。主机在公共状态中只可以使用硬盘公共区连接外部网，无法连接内部网，硬盘安全区也是封闭状态。

（2）物理隔离集线器

网络安全隔离集线器是一种多路开关切换设备，它与网络安全隔离卡配合使用。它具有标准的 RJ-45 接口，入口与网络安全隔离卡相连，出口分别与内外网络的集线器（HUB）相连。它检测网络安全隔离卡发出的特殊信号，识别出所连接的计算机，并自动将其网络线切换至相应的网络 HUB 上，实现多台独立的安全计算机与内外两个网络的安全连接及自动切换，进一步提高了系统的安全性，并且解决了多网布线问题，可以让连接两个网络的安全计算机只通过一条网络线即可与多网切换连接，对现存网络改进有较大帮助。

2. 企业级物理隔离技术

物理隔离网闸是使用带有多种控制功能的固态开关读写介质连接两个独立主机系统的信息安全设备。由于物理隔离网闸所连接的两个独立主机系统之间，不存在通信的物理连接、逻辑连接、信息传输命令、信息传输协议，不存在依据协议的信息包转发，只有数据文件的无协议"摆渡"，且对固态存储介质只有"读"和"写"两个命令，所以，物理隔离网闸从物理上隔离、阻断了具有潜在攻击可能的一切连接，使"黑客"无法入侵、无法攻击、无法破坏，实现了真正的安全。物理隔离网闸中断了两个网络之间的直接连接，所有的数据交换必须通过物理隔离网闸，网闸从网络层的第七层将数据还原为原始数据（文件），然后以"摆渡文件"的形式来传递数据。没有包、命令和 TCP/IP 协议可以穿透物理隔离网闸。这同透明桥、混杂模式，以及通过开关方式来转发包有本质的区

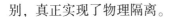

别，真正实现了物理隔离。

（1）单/双向物理隔离

物理隔离网闸可以提供双向的数据交换，涉密网络的服务器可以从非涉密网络的服务器获取数据库服务、文件服务甚至电子邮件和 FTP 连接。涉密网络也可以将数据库数据、文件等推送到非涉密网络服务器；单向的物理隔离网络只允许数据的单向流动，一般是从非涉密网络到涉密网络，这种方式在某些对安全性有更高要求的部门有需求。

（2）数据交换方式

数据交换方式是物理隔离网闸最关键的技术之一，目前常见的数据交换方式主要有两类：空气隔离（第一代物理隔离技术）、专用数据交换通道（第二代物理隔离技术）。

空气隔离采用类似"摆渡"的数据暂存区的方式交换裸数据，能满足基本的物理隔离需求，不足在于切换速度相对较慢，某些实时性要求较高的应用不能胜任；专用数据交换通道采用专用的数据交换接口卡，以专用的传输协议和总线达到极快的交换速度。

（3）企业级物理隔离网闸的应用前景及展望

企业级的物理隔离技术有非常广阔的应用前景，可以在涉密和非涉密网络之间进行数据交换，适用于一些需要具备较强信息安全度的行业用户，如公安、政府金融。这些用户业务比较特殊，所以十分渴望拥有等级更高、保护性更强的信息安全技术。其中面向企事业单位、政府机关及社会公众的电子政务系统是结合了互联网技术的一种信息处理系统。这个系统可以模拟机关内部的处理流程，协助受理申请、建议等实现政务电子政务系统以所有的数据库为应用基础，要求各个环节都必须具备极高的安全性，特别是在网上审批环节，既需要准确且及时地交换外部数据，也需要保证审批数据库的安全。在过去还没有采用企业级物理隔离技术时，数据库会使用定时拨号或者人工拨号来进行数据交换，很难同时兼顾时效性与安全性。

采用企业级物理隔离技术不需要对政府机关的现有网络做任何修改，只须对数据交换系统进行简单的配置便可使用。采用企业级物理隔离后，电子政务能够做到以下三点：①外网与公众互联网相连接，提供政府与社会的信息沟通渠道；

②政务专网和内部局域网与公众互联网进行物理隔离，保障信息安全；③专网与内网之间进行逻辑隔离，保障业务信息的有序共享和互不干扰。随着需求的不断增加，许多物理隔离的应用应运而生，如内、外网（信任和非信任端）之间进行文件、邮件和网络包的交换。

尽管企业级物理隔离技术提供的安全强度很高，但并不能取代现有的防火墙、IDS、VPN 等主流安全技术。企业级物理隔离技术只有与上述安全技术相互结合，才能构建出强度更高、隐患和漏洞更少、风险更低的安全网络，才有可能使用户将关键数据业务安全地拓展到不信任的网络上，或在互不信任的网络之间安全地进行数据交换，使企业网络真正达到"建以致用"的目的。

第四章 人工智能的基础知识

第一节 知识表示

知识表示就是对知识的一种形式化描述，或者说是对知识的一组约定，是一种计算机可以接受的用于描述知识的数据结构。

一、知识表示引言

人工智能研究的目标之一是建立有能力解决各种认知任务（如问题求解、决策制定等）的智能系统。要有效地解决应用领域的问题和实现软件的智能化，就必须拥有应用领域的知识。这首先涉及的问题就是应该以何种方法来表示知识。尽管知识在人脑中的表示、存储和使用机理仍然是一个尚待揭开之谜，但以形式化的方式表示知识并供计算机做自动处理已经发展成为较成熟的技术——知识表示技术。

知识表示就是研究用机器表示知识的可行的、有效的、通用的原则和方法，即把人类知识形式化为机器能处理的数据结构，表示为一组对知识的描述和约定。知识表示是智能系统的重要基础，是人工智能中最活跃的研究部分之一。

知识表示方式有两大类：陈述性表示和过程性表示。陈述性表示方式强调知识的静态特性，即描述事物的属性及其相互关系；过程性表示方式则强调知识的动态特性，即表示推理和搜索等运用知识的过程。目前，知识的表示有多种不同的方法，主要包括逻辑方法、产生式方法、语义网络和框架面向对象方法等。知识表示方法的多样性，表明知识的多样性和人们对其认识的不同。那么在实际中如何选择和建立合适的知识表示方法呢？这可以从下面五个方面考虑。

①表示能力，要求能够正确、有效地将问题求解所需要的各类知识都表示出来。

②可理解性，所表示的知识应易懂、易读。

③便于知识的获取，使得智能系统能够渐进地增加知识，逐步进化。同时在吸收新知识的同时应便于消除可能引起新老知识之间的矛盾，便于维护知识的一致性。

④便于搜索，表示知识的符号结构和推理机制应支持对知识库的高效搜索，使得智能系统能够迅速地感知事物之间的关系和变化；同时很快地从知识库中找到有关的知识。

⑤便于推理，要能够从已有的知识中推出需要的答案和结论。

二、谓词逻辑表示法

一阶谓词逻辑表示法是一种重要的知识表示方法，它以数理逻辑为基础，是到目前为止能够表达人类思维活动规律的一种最精准的形式语言。它与人类的自然语言比较接近，可方便地存储到计算机中，并被计算机进行精确的处理。因此，它是一种最早应用于人工智能的表示方法，在人工智能发展中具有重要的作用。

（一）一阶谓词逻辑

一阶谓词逻辑也叫作一阶谓词演算，是一种形式系统，也是一种可进行抽象推理的符号工具。在谓词逻辑中，谓词可表示为 $P(x_1, x_2, \cdots, x_n)$，其中 P 是谓词符号，表示个体的属性、状态或关系；$x_1, x_2, \cdots, x_n$ 称为谓词的参量或项，通常表示个体对象。有 n 个参量的谓词称为 n 元谓词。

为了刻画谓词和个体之间的关系，在谓词逻辑中引入了两个量词。

①全称量词（ $\forall x$ ），它表示"对个体域中所有（或任意一个）个体 x"，读为"对所有的 x""对每个 x"或"对任一 x"。

②存在量词（ $\exists x$ ），它表示"在个体域中存在个体 x"，读为"存在 x""对某个 x"或"至少存在一个 x"。$\forall$ 和 $\exists$ 后面跟着的 x 叫作量词的指导变元或作用变元。

谓词逻辑可以由原子和五种逻辑连接词（否定 $\neg$ 、合取 $\wedge$ 、析取 $\vee$ 、蕴涵 $\rightarrow$ 、等价 $\leftrightarrow$ ），再加上量词来构造复杂的符号表达式。这就是谓词逻辑中的公式。

（二）知识的谓词逻辑表示法

人类的一条知识一般可以由具有完整意义的一句话或几句话表示出来，而这些知识要用谓词逻辑表示出来，一般就是一个谓词公式。

谓词逻辑适合于表示事物的状态、属性和概念等事实性知识，也可以用来表示事物间具有确定因果关系的规则性知识。对事实性知识，可以使用谓词公式中的析取符号与合取符号连接起来的谓词公式来表示。

对于规则性知识，通常使用由蕴涵符号连接起来的谓词公式来表示。例如，对于如果 x，则 y，用谓词公式表示为

$$x \rightarrow y \tag{4-1}$$

在使用谓词逻辑表示知识的时候，一般可以基于下面三步来进行：

①定义谓词及个体，确定每个谓词及个体的确切含义。

②根据所要表达的事物或概念，为每个谓词中的变元赋予特定的值。

③根据所要表达的知识的语义，用适当的连接符号将各个谓词连接起来，形成谓词公式。

三、产生式表示法

产生式系统是目前已建立的专家系统中知识表示的主要手段之一，如 MYCIN、CLIPS/JESS 系统等。在产生式系统中，把推理和行为的过程用产生式规则表示，所以又称为基于规则的系统。

（一）事实的表示

事实可以看作断言一个语言变量的值或者多个语言变量间的关系的陈述句，语言变量的值或语言变量间的关系可以是一个词，不一定是数字。

单个的事实在专家系统中常用<特性-对象-取值>三元组表示。这种相互关联的三元组正是 LISP 语言中特性表示的基础，在谓词演算中关系谓词也常以这种形式表示。显然，以这种三元组来描述事物及事物之间的关系是很方便的。

在大多数专家系统中，经常还须加入关于事实确定性程度的数值度量，如 MYCIN 中用可信度来表示事实的可信程度，于是每一个事实变成了四元组。

（二）规则的表示

在产生式系统中，规则由前项和后项两部分组成。前项表示前提条件，各个条件由逻辑连接词（合取、析取等）组成各种不同的组合；后项表示当前提条件为真时，应采取的行为或所得的结论。产生式系统中每条规则是一个"条件→动作"或"前提→结论"的产生式。

产生式表示法具有自然性、模块性、清晰性的特点，是模拟人类解决问题的自然方法。既可以表示启发式知识，又可以表示程序性知识；既可以表示确定性知识，又可以表示不确定性知识。目前，产生式方式是当今最流行的专家系统模式，已建造成功的专家系统大部分采用产生式表示程序性知识。

随着要解决的问题越来越复杂，规则库越来越大，产生式系统越来越难以扩展，要保证新的规则和已有的规则没有矛盾就会越来越困难，知识库的一致性也越来越难以实现。在推理过程中，每一步都要和规则库中的规则做匹配检查。如果知识库中规则数目很大，效率显然会降低。知识表示形式单一，不能表达结构性知识。

以纯粹的产生式系统表示复杂的知识结构比较困难，因此发展了一系列知识的结构化表示方法，如语义网络和框架等。知识以这类形式表示的系统，一般称为基于知识的系统。

四、语义网络表示法

在专家系统中语义网络可用于描述物体概念与状态及其之间的关系。它是由节点之间的弧组成，节点表示概念（事件、事物），弧表示它们之间的关系。在数学上语义网络是一个有向图，与逻辑表示法对应。

（一）语义网络的概念和结构

语义网络是通过概念及其语义关系来表达知识的一种有向网络图。从图论的观点看，它是一个"带有标示的有向图"。其中，有向图的节点表示各种事物、概念、情况、属性、动作和状态等；弧表示节点之间各种语义关系，指明它所连接的节点之间的某种语义关系。节点和弧必须带有标志，以便区分各个不同对象及对象之间各种不同的关系。因此，一个语义网络主要包括了两个部分：事件及事件之间的关系。

从结构上看，语义网络一般由一些基本的语义单元构成，这些最基本的语义单元可用三元组表示为：

$$（节点 1，弧，节点 2）\qquad\qquad (4-2)$$

当把多个基本网元用相应的语义联系关联在一起时，就可以得到一个语义网络。

（二）常用的语义联系

语义网络可以描述事物间多种复杂的语义关系。在实际使用中，人们可根据自己的实际需要进行定义。下面给出一些经常使用的语义联系。

1. 类属关系

类属关系是指具有共同属性的不同事物间的分类关系、成员关系或实例关系。它体现的是"具体与抽象""个体与集体"的层次分类。在类属关系中，最主要特征是属性的继承性，处在具体层的节点可以继承抽象层节点的所有属性。常用的类属关系有 ISA，含义为"是一个"，表示一个事物是另一个事物的一个实例。

在类属关系中，具体层节点除具有抽象层节点的所有属性外，还可以增加一些自己的个性，甚至还能够对抽象层节点的某些属性加以更改。例如，所有的动物都具有能运动、会吃等属性。而鸟类作为动物的一种，除具有动物的这些属性外，还具有会飞、有翅膀等个性。

2. 聚集关系

聚集关系也称为包含关系，是指具有组织或结构特征的"部分与整体"之间的关系。它和类属关系的最主要区别是聚集关系一般不具备属性的继承性。常用的聚集关系有 Part-of、Member-of，含义为"是一部分"，表示一个事物是另一个事物的一部分。

3. 相似关系

相似关系是指不同事物在形状、内容等方面相似或接近。常用的相似关系有 Similar-to，含义为"相似"，表示某一事物与另一事物相似。

4. 推论关系

推论关系是指从一个概念推出另一个概念的语义关系。常用的推论关系有

Reasoning-to，含义为"推出"，表示某一事物推出另一事物。例如，"成绩好"可推出"学习努力"。

5. 因果关系

因果关系是指由于某一事件的发生而导致另一事件的发生，通常用 Causality 联系，表示两个节点间的因果关系。

6. 占有关系

占有关系是事物或属性之间的"具有"关系。常用的占有关系是 Have，含义为"有"，表示一个节点拥有另一个节点所表示的事物。

7. 组成关系

组成关系是一种一对多联系，用于表示某一事物由其他一些事物构成，通常用 ComPOSed-of 联系表示。ComPOSed-of 联系所连接的节点间不具有属性继承性。

8. 时空关系

在描述一个事物时，经常需要指出它发生的时间、位置等。时间关系是指不同事件在其发生时间方面的先后次序关系，节点间的属性不具有继承性。位置关系是指不同事物在位置方面的关系，节点间的属性不具有继承性。

语义网络中最灵活的因素是 ISA 链。这里只列出了八种类型的语义联系，在使用语义网络进行知识表示时，可根据需要随时对事物间的各种联系进行人为定义，这里就不再多列举了。

语义网络的一个重要特性是属性继承。凡用有向弧连接起来的两个节点有上位与下位关系。例如，"兽"是"动物"的下位概念，又是"虎"的上位概念。所谓"属性继承"指的是凡上位概念具有的属性均可由下位概念继承。在属性继承的基础上可以方便地进行推理是语义网络的优点之一。

语义网络表示方法还有以下一些优点：结构性好，具有联想性和自然性。由节点和弧组成的网络结构，抓住了符号计算中符号和指针这两个本质的东西，而且具有记忆心理学中关于联想的特性。但是试图用节点代表世界上的各种事物，用弧代表事物间的任何关系，恐怕也过于简单，因而受到限制。

与逻辑系统相比，语义网络能表示各种事实和规则，具有结构化的特点；逻辑方法把事实与规则当作独立的事实处理，语义网络则从整体上进行处理；逻辑

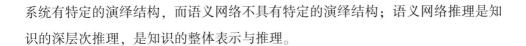

系统有特定的演绎结构，而语义网络不具有特定的演绎结构；语义网络推理是知识的深层次推理，是知识的整体表示与推理。

五、本体表示法

本体原是一个哲学术语，称作本体论，意义为"关于存在的理论"，特指哲学的分支学科，研究自然存在及现实的组成结构。它试图回答"什么是存在""存在的性质是什么"等。从这个观点出发，本体论是指这样一个领域，它确定客观事物总体上的可能的状态，确定每个客观事物的结构所必须满足的个性化的需求。本体论可以定义为有关存在的一切形式和模式的系统。

在信息科学领域，本体可定义为被共享的概念化的一个形式的规格说明。本体是用于描述或表达某一领域知识的一组概念或术语。它可以用来组织知识库较高层次的知识抽象，也可以用来描述特定领域的知识。把本体看作描述某个领域的知识实体，而不是描述知识的途径。一个本体不仅是词汇表，而是整个上层知识库（包括用于描述这个知识库的词汇）。这种定义的典型应用是 Cyc 工程，它以本体定义其知识库，为其他知识库系统所用。Cyc 是一个超大型的、多关系型知识库和推理引擎。

在人工智能领域，本体研究特定领域知识的对象分类、对象属性和对象间的关系，它为领域知识的描述提供术语，本体应该包含如下含义。

①本体描述的是客观事物的存在，代表了事物的本质。

②本体独立于对本体的描述。任何对本体的描述，包括人对事物在概念上的认识，人对事物用语言的描述，都是本体在某种媒介上的投影。

③本体独立于个体对本体的认识。本体不会因为个人认识的不同而改变，它反映的是一种能够被群体所认同的一致的"知识"。

④本体本身不存在与客观事物的误差，因为它就是客观事物的本质所在。但对本体的描述，即任何以形式或自然语言写出的本体，作为本体的一种投影，可能会与本体本身存在误差。

⑤描述的本体代表了人们对某个领域的知识的公共观念。这种公共观念能够被共享、重用，进而消除不同人对同一事物理解的不一致性。

⑥对本体的描述应该是形式化的、清晰的、无二义的。

根据本体在主题上的不同层次，将本体分为顶层本体、领域本体、任务本体和应用本体。其中，顶层本体研究通用的概念，例如，空间、时间、事件、行为等，这些概念独立于特定的领域，可以在不同的领域中共享和重用。处于第二层的领域本体则研究特定领域（如图书、医学等）下的词汇和术语，对该领域进行建模。与其同层的任务本体则主要研究可共享的问题求解方法，其定义了通用的任务和推理活动。领域本体和任务本体都可以引用顶层本体中定义的词汇来描述自己的词汇。处于第三层的应用本体描述具体的应用，它可以同时引用特定的领域本体和任务本体中的概念。

第二节　搜索算法

一、搜索算法引言

在人工智能中，搜索技术包括两个重要的问题：搜索什么，在哪里搜索。搜索什么通常指的就是目标，而在哪里搜索就是"搜索空间"。搜索空间通常是指一系列状态的汇集，因此称为状态空间。

一般搜索可以根据是否使用启发式信息分为盲目搜索和启发式搜索，也可以根据问题的表示方式分为状态空间搜索和与/或树搜索。状态空间搜索是指用状态空间法来求解问题所进行的搜索。与/或树搜索是指用问题归约法来求解问题时所进行的搜索。状态空间法和问题归约法是人工智能中最基本的两种问题求解方法，状态空间表示法和与/或树表示法则是人工智能中最基本的两种问题表示方法。

盲目搜索一般是指从当前的状态到目标状态需要走多少步或者每条路径的花费并不知道，所能做的只是可以区分出哪个是目标状态。因此，它一般是按预定的搜索策略进行搜索。由于这种搜索总是按预定的路线进行，没有考虑到问题本身的特性，所以这种搜索具有很大的盲目性，效率不高，不便于复杂问题的求解。启发式搜索是在搜索过程中加入了与问题有关的启发性信息，用于指导搜索朝着最有希望的方向前进，加速问题的求解并找到最优解。显然盲目搜索不如启发式搜索效率高，但是由于启发式搜索需要和问题本身特性有关的信息，而对于很多问题这些信息很少，或者根本就没有，或者很难抽取，所以盲目搜索仍然是很重要的搜索策略。

在搜索问题中，主要的工作是找到好的搜索算法。一般搜索算法的评价准则如下。

①完备性。如果存在一个解答，该策略是否保证能够找到？

②时间复杂性。需要多长时间可以找到解答？

③空间复杂性。执行搜索需要多大存储空间？

④最优性。如果存在不同的几个解答，该策略是否可以发现最高质量的解答？

二、盲目搜索

如果在搜索过程中没有利用任何与问题有关的知识或启发式信息，则称为盲目搜索。深度优先搜索和宽度优先搜索是常用的两种盲目搜索方法。

（一）深度优先搜索

深度优先搜索的基本思想是优先扩展深度最深的节点。下面以 N 皇后问题为例，介绍深度优先搜索方法的过程。

N 皇后问题：这是一个以国际象棋为背景的问题，如何能够在 7VX N 的国际象棋棋盘上放置 N 个皇后，使得任何一个皇后都无法直接吃掉其他皇后。为了达到此目的，任两个皇后都不能处于同一条横行、纵行或斜线上。图 4-1 给出了 4 皇后问题的一个解。

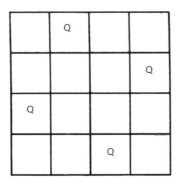

图 4-1 4 皇后问题

生成节点并与目标节点进行比较是沿着树的最大深度方向进行的，只有当上次访问的节点不是目标节点，而且没有其他节点可以生成的时候，才转到上次访问节点的父节点。转移到父节点后，该算法会搜索父节点的其他子节点。深度优先搜索总是首先扩展树的最深层次上的某个节点，只有当搜索遇到一个死亡节点（非目标节点而且不可扩展）时，搜索方法才会返回并扩展浅层次的节点。

如何合理地设定深度限制与具体的问题有关，常常需要根据经验设置一个合理值。如果深度限制过深，则影响求解效率；反之，如果限制过浅，则可能导致找不到解。可以采取逐步加深的方法，先设置一个比较小的值，然后再逐步加大。

深度优先搜索也可能遇到"死循环"问题，即沿着一个环路一直搜索下去。为了解决这个问题，可以在搜索过程中记录从初始节点到当前节点的路径，每扩展一个节点，就要检测该节点是否出现在这条路径上。如果发现在该路径上，则强制回溯，探索其他深度最深的节点。

（二）宽度优先搜索

与深度优先策略刚好相反，宽度优先搜索策略是优先搜索深度浅的节点，即每次选择一个深度最浅的节点进行扩展，如果有深度相同的节点，则按照事先约定从深度最浅的几个节点中选择一个。

同样都是盲目搜索，宽度优先搜索与深度优先搜索具有哪些不同呢？对于任何单步代价都相等的问题，在问题有解的情况下，宽度优先搜索一定可以找到最优解。例如，在八数码问题中，如果移动每个将牌的代价都是相同的，则利用宽度优先算法找到的解一定是将牌移动次数最少的最优解。但是，由于宽度优先搜索在搜索过程中需要保留已有的搜索结果，会占用比较大的搜索空间，而且会随着搜索深度的加深成几何级数增加。深度优先搜索虽然不能保证找到最优解，但是可以采用回溯的方法，只保留从初始节点到当前节点的一条路径，可以大大节省存储空间，其所需要的存储空间只与搜索深度呈线性关系。

三、遗传算法

（一）遗传算法的基本思想

对于自然界中生物遗传与进化机理的模仿，长期以来人们针对不同问题设计了许多不同的编码方法来表示问题的可行解，产生了多种不同的遗传算子来模仿不同环境下的生物遗传特性。因此，由不同的编码方法和不同的遗传算子构成了各种不同的遗传算法。但这些遗传算法都具有共同的特点，即通过对生物遗传和进化过程中选择、交叉、变异机理的模仿来完成对问题最优解的自适应搜索过程。基于这个共同的特点，总结出了一种统一的最基本的遗传算法——基本遗传算法，该算法只使用选择算子、交叉算子和变异算子三种基本遗传算子，遗传进化操作过程简单、容易理解，给各种遗传算法提供了一个基本框架。基本遗传算法所描述的框架也是进化算法的基本框架。

进化算法类似于生物进化，需要经过长时间的成长演化最后收敛到最优化问题的一个或者多个解。因此，了解生物进化过程有助于理解遗传算法等进化算法的工作过程。

"适者生存"揭示了大自然生物进化过程中的一个规律，即最适合自然环境的个体生存产生后代的可能性大。

以一个初始生物群体为起点，经过竞争后，一部分个体被淘汰而无法再进入这个循环圈，而另一部分则进入种群。竞争过程遵循生物进化中"适者生存，优胜劣汰"的基本规律，所以都有一个竞争标准或者生物适应环境的评价标准。适应程度高的个体只是进入种群的可能性比较大，但并不一定进入种群；而适应程度低的个体只是进入种群的可能性比较小，但并不一定被淘汰。这一重要特性保证了种群的多样性。

生物进化中，种群经过婚配产生子代群体（简称"子群"），同时可能因变异而产生新的个体。每个基因编码了生物机体的某种特征，如头发的颜色、耳朵的形状等。综合变异的作用，使子群成长为新的群体而取代旧的群体。在一个新的循环过程中，新的群体代替旧的群体而成为循环的开始。

遗传算法处理的是染色体。在遗传算法中，染色体对应的是数据或数组，通常用一维的串结构数据来表示。一定数量的个体组成了群体。群体中个体的数量称为种群的规模。各个个体对环境的适应程度叫适应度。适应度大的个体被选择进行遗传操作产生新个体的可能性大，体现了生物遗传中适者生存的原理。选择两个染色体进行交叉产生一组新的染色体的过程，类似生物遗传中的婚配。编码的某一个分量发生变化，类似生物遗传中的变异。

遗传算法包含五个基本要素，即参数编码、初始群体的设定、适应度函数的设计、遗传操作设计和控制参数设定。

（二）参数编码

由于遗传算法不能直接处理问题空间的参数，因此必须通过编码将要求解的问题表示成遗传空间的染色体或者个体。它们由基因按一定结构组成。由于遗传算法的鲁棒性，其对编码的要求并不苛刻。编码是应用遗传算法时要解决的首要问题，也是设计遗传算法时的一个关键步骤。事实上，还不存在一种通用的编码方法，特殊的问题往往采用特殊的方法。目前，常采用的编码方法有二进制编码和实数编码。

1. 二进制编码

将问题空间的参数编码为一维排列的染色体的方法，称为一维染色体编码。一维染色体编码中最常用的符号集是二值符号集 $\{0, 1\}$，即采用二进制编码。

二进制编码是用若干二进制数表示一个个体，将原问题的解空间映射到位串空间 $B = \{0, 1\}$ 上，然后在位串空间上进行遗传操作。

二进制编码类似于生物染色体的组成，从而使算法易于用生物遗传理论来解释，并使得遗传操作（如交叉、变异等）很容易实现，但在求解高维优化问题时，二进制编码串非常长，从而使算法的搜索效率降低。

2. 实数编码

为克服二进制编码的缺点，针对问题变量是实向量的情形，可以直接采用实数编码。

实数编码是用若干实数表示一个个体，然后在实数空间上进行遗传操作。采用实数编码不必进行数制转换，可直接在解的表现型上进行遗传操作，从而可引入与问题领域相关的启发式信息来增加算法的搜索能力。近年来，遗传算法在求解高维或复杂优化问题时一般使用实数编码。

（三）初始群体设定

由于遗传算法是对群体进行操作的，所以必须为遗传操作准备一个由若干初始解组成的初始群体。初始群体设定主要包括初始种群的产生和种群规模的确定两方面。

1. 初始种群的产生

遗传算法中，初始种群中的个体可以是随机产生的，但最好先随机产生一定数目的个体，然后从中挑选最好的个体纳入初始种群中。这种过程不断迭代，直到初始种群中的个体数目达到预先确定的规模。

2. 种群规模的确定

种群中个体的数量称为种群规模。种群规模影响遗传优化的结果和效率。当种群规模太小时，会使遗传算法的搜索空间范围有限，搜索有可能出现未成熟收敛现象，使算法陷入局部最优解。当种群规模太大时，适应度评估次数增加，则计算复杂。同时当种群中的个体非常多时，少量适应度很高的个体会被选择生存下来，但大多数个体被淘汰，影响配对库的形成，从而影响交叉操作。种群规模一般取 20~100 个个体为宜。

（四）适应度函数的设计

遗传算法遵循自然界优胜劣汰的原则，在进化搜索中基本不用外部信息，而是用适应度值表示个体的优劣并作为遗传操作的依据。适应度是评价个体优劣的标准。个体的适应度高，则被选择的概率高，反之就低。适应度函数是用来区分群体中个体好坏的标准，是进行自然选择的唯一依据。因此，适应度函数的设计非常重要。

在具体应用中，适应度函数的设计要结合求解问题本身的要求而定。一般而言，适应度函数是由目标函数变换得到的。

将目标函数变换成适应度函数的最直观方法是直接将待求解优化问题的目标函数作为适应度函数。

定义一：若目标函数 $f(x)$ 为最大化问题，则适应度函数可以取为：

$$Fit(f(x)) - f(x) \qquad (4-3)$$

定义二：若目标函数 $f(x)$ 为最小化问题，则适应度函数可以取为：

$$Fit(f(x)) = \frac{1}{f(x)} \qquad (4-4)$$

（五）选择

选择操作也称复制操作，是从当前群体中按照一定概率选出优良的个体，使它们有机会作为父代繁殖下一代子孙，判断个体优良与否的准则是各个个体的适应度值。这一操作显然借用了达尔文适者生存的进化理论，即个体适应度越高，其被选择的机会越大。

需要注意的是，如果总挑选最好的个体，遗传算法就变成了确定性优化方法使种群过快地收敛到局部最优解；如果只做随机选择，则遗传算法就变成完全随机方法，需要很长时间才能收敛甚至不收敛。因此，选择方法的关键是找到一个策略，既要使种群较快地收敛，又能够维持种群的多样性。

选择操作的实现方法有很多，以下为常用的选择方法。

1. 个体选择概率分配方法

在遗传算法中，哪个个体被选择进行交叉是按照概率进行的。适应度大的个体被选择的概率大，但不是一定能够被选上的。同样，适应度小的个体被选择的概率虽小，但也可能被选上。所以，首先要根据个体的适应度确定被选择的概率，然后按照个体选择概率进行选择。

①适应度比例模型，亦称蒙特卡罗法，是目前遗传算法中最基本也是最常用的选择方法。在适应度比例模型中，各个个体被选择的概率和其适应度值成比例。

②排序模型，是计算每个个体的适应度后，根据适应度大小顺序对种群中的个体进行排序，然后把事先设计好的概率按排序分配给个体，作为各自的选择概率。在排序模型中，选择概率仅仅取决于个体在种群中的序位，而不是实际的适应度值。虽然适应值大的个体仍然会排在前面，有较多的被选择机会，但两个适应度值相差很大的个体被选择的概率相差没有原来大。排序模型比适应度比例模型具有更好的鲁棒性，是一种比较好的选择方法。

只要符合"原来适应度值大的个体变换后被选择的概率仍然大"这个原则，就可以采用这种变换方法。

2. 选择个体方法

选择操作是根据个体的选择概率，确定哪些个体被选择进行交叉、变异等的操作方法。其基本原则是选择概率越大的个体，被选择的机会越大。基于这个原则，可以采用许多个体选择方法。其中轮盘赌选择（Roulette Wheel Selection, RWS）策略在遗传算法中使用得最多。

在轮盘赌选择方法中，先按个体的选择概率产生一个轮盘，轮盘每个区的角度与个体的选择概率成比例，然后产生一个随机数，它落入轮盘的哪个区域就选择相应的个体进行交叉。

显然，选择概率大的个体被选中的可能性大，获得交叉的机会就大。

（六）　交　叉

当两个生物机体配对或复制时，它们的染色体相互混合，产生一对由双方基因组成的新的染色体。这一过程称为交叉或者重组。

举个简单的例子：假设某雌性动物仅仅青睐大眼睛的雄性，这样眼睛越大的雄性越易受到雌性的青睐，生出更多的后代，那么动物的适应性正比于它的眼睛的直径。因此，从一个具有不同大小眼睛的雄性种群出发，当动物进化时，在同位基因中能够产生大眼睛雄性动物的基因相对于产生小眼睛雄性动物的基因就更有可能复制到下一代。当进化几代以后，大眼睛雄性种群将会占据优势。生物逐渐向一种特殊遗传类型收敛。

一般来说，交叉得到的后代可能继承了上代的优良基因，后代会比它们的父母更加优秀。但也可能继承了上代的不良基因，后代会比它们的父母差，难以生存，甚至不能再复制。越能适应环境的后代越能继续复制并将其基因传给后代，由此形成一种趋势每一代总是比其父母一代生存和复制得更好。

遗传算法中起核心作用的是交叉算子，也称为基因重组。采用的交叉方法应能够使父串的特征遗传给子串，子串应能够部分或全部地继承父串的结构特征和有效基因。最简单、常用的交叉算子是一点或多点交叉。

一点交叉，又称为简单交叉。其具体操作是在个体串中随机设定一个交叉点，实行交叉时，该点前后两个个体的部分结构进行互换并生成两个新的个体。二点交叉，其操作与一点交叉类似，只是设置了两个交叉点（仍然是随机设定），将两个交叉点之间的码串相互交换。

类似于二点交叉，可以采用多点交叉。

由于交叉可能出现不满足约束条件的非法染色体，为解决这一问题，可以采取对交叉、变异等遗传操作进行适当的修正，使其满足优化问题的约束条件。

交叉概率是用来确定两个染色体进行局部互换以产生两个新的子代的概率。采用较大的交叉概率 Pc，可以增强遗传算法开辟新的搜索区域的能力，但高性能模式遭到破坏的可能性也会随之增加。采用太低的交叉概率会使搜索陷入迟钝状态。交叉概率 Pc 的取值一般为 0.25~1.00，实验表明交叉概率通常取 0.70 左右是理想的。

每次从种群中选择两个染色体，同时生成 0 和 1 之间的一个随机数，然后根据这个随机数确定这两个染色体是否需要交叉。如果这个随机数低于交叉概率（0.7），就进行交叉。然后沿着染色体的长度随机选择一个位置，并把此位置之后的所有的位进行互换。

（七）变异

如果生物繁殖仅仅是上述的交叉过程，那么即使经历成千上万代，适应能力最强的成员的眼睛尺寸也只能同初始群体中的最大眼睛一样。根据对自然的观察可以看到，人类的眼睛尺寸实际上存在着一代比一代大的趋势，这是因为在基因传给子孙后代的过程中会有很小的概率发生差错，从而使基因发生微小的改变，这就是基因变异。发生变异的概率通常很小，但在经历许多代以后变异性状就会很明显。

一些变异对生物是不利的，也有一些变异对生物的适应性可能没有影响，但也有一些变异可能会给生物带来好处，使它们超过其他同类生物。

进化机制除了能够改进已有的特征，也能够产生新的特征。例如，可以设想某个时期动物没有眼睛，而是靠嗅觉和触觉来躲避捕食者。然而，两个动物在某次交配时一个基因突变发生在它们后代的头部皮肤上，发育出一个具有光敏效应的细胞，使它们的后代能够识别周围环境是亮还是暗。它能够感知捕食者的到来，能够知道现在是白天还是夜晚等信息，这将有利于它的生存。

在遗传算法中，变异是将个体编码中的一些位进行随机变化。变异的主要目的是维持群体的多样性，为选择和交叉过程中可能丢失的某些遗传基因进行修复和补充。变异算子的基本内容是对群体中的个体串的某些基因座上的基因值做变动。变异操作是按位进行的，即把某一位的内容进行变异。变异概率是在一个染色体中将进行变化的概率。主要变异方法如下。

①位点变异。在个体串中随机挑选一个或多个基因座，并对这些基因座的基因值以变异概率 P_m 做变动。对二进制编码的个体来说，若某位原为0，通过变异操作变成了1，反之则相反。对于整数编码，被选择的基因变为以概率选择的其他基因。为了消除非法性，再将其他基因所在的基因座上的基因变为被选择的基因。

②逆转变异。在个体串中随机选择两点（称为逆转点），然后将两个逆转点之间的基因值以逆向排序插入原位置中。

③插入变异。在个体串中随机选择一个码，然后将此码插入随机选择的插入点中间。

在遗传算法中，变异属于辅助性的搜索操作。变异概率 P_m 一般不能太大，以防群体中重要的、单一的基因被丢失。事实上，变异概率太大将使遗传算法趋于纯粹的随机搜索，通常取变异概率 P_m 为 0.001 左右。

（八）遗传算法的特点

相比其他优化搜索，遗传算法采用了许多独特的方法和技术。归纳起来，主要有以下三个方面。

①遗传算法的编码操作使它可以直接对结构对象进行操作。所谓结构对象泛指集合、序列、矩阵、树、图、链和表等各种一维、二维甚至三维结构形式的对象。因此，遗传算法具有非常广泛的应用领域。

②遗传算法采用群体搜索策略，即采用同时处理群体中多个个体的方法，同时对搜索空间中的多个解进行评估，从而使遗传算法具有较好的全局搜索性能，减少了陷于局部最优解的风险（但还是不能保证每次都能得到全局最优解）。

③遗传算法仅用适应度函数值来评估个体，并在此基础上进行遗传操作，使种群中个体之间进行信息交换。特别是遗传算法的适应度函数不仅不受连续可微的约束，而且其定义域也可以任意设定。对适应度函数的唯一要求是能够算出可以比较的正值，遗传算法的这一特点使其应用范围大大扩展，非常适合于利用传统优化方法难以解决的复杂优化问题。

第三节　自动推理

推理是由已知判断推出另一判断的思维过程。自动推理是通过计算机程序实现推理的过程。自动推理是人工智能研究的核心内容之一，是专家系统、程序推导、程序正确性证明和智能机器人等领域的重要基础。

一、自动推理引言

从一个或几个已知的判断（前提）逻辑地推论出一个新的判断（结论）的思维形式称为推理。人们解决问题就是利用以往的知识，通过推理得出结论。自动推理是通过计算机程序实现推理的过程。自动推理的理论和技术是程序推导、程序正确性证明、专家系统和智能机器人等领域的重要基础。

对任何一个实用系统来说，总存在着很多非演绎的部分，因而导致了各种各样推理算法的兴起，并削弱了企图为人工智能寻找一个统一的基本原理的观念。从实际的观点来看，每一种推理算法都遵循其特殊的、与领域相关的策略，并倾向于使用不同的知识表示技术。

在现实世界中存在大量的不确定问题。不确定性来自人类的主观认识与客观实际之间存在的差异。事物发生的随机性，人类知识的不完全、不可靠、不精确和不一致，自然语言中存在的模糊性和歧义性都反映了这种差异，都会带来不确定性。针对不同的不确定性的起因，人们提出了不同的理论和推理方法。在人工智能和知识工程中，代表性的不确定性理论和推理方法有概率论、证据理论、模糊集和粗糙集等。

二、三段论推理

三段论推理是演绎推理中的一种简单推理判断。它包括一个包含大项和中项的命题（大前提）、一个包含小项和中项的命题（小前提）以及一个包含小项和大项的命题（结论）三部分。基本规则：第一，它只能有三个概念；第二，每个概念分别在两个判断中出现；第三，大前提是一般性的结论，小前提是一个特殊陈述。

三段论实际上是以一个一般性的原则（大前提）及一个特殊化陈述（小前提），由此引申出一个符合一般性原则的特殊化陈述（结论）的过程。

例如：

①所有的推理系统都是智能系统。

②专家系统是推理系统。

③所以，专家系统是智能系统。

三段论的式是指构成前提和结论的命题的质、量的不同而形成的不同形式的三段论。命题的质是指该命题的肯定或否定的性质；命题的量是指命题中的量项是全称的还是特称的。所谓全称是指对某项进行界定时包含事物的全部；所谓特称是指对某项进行界定时只包含事物的部分。由质和量的结合就构成四种命题形式。

①全称肯定命题，通常用字母 A 表示，其语言表达形式为"所有的……都是……"。

②全称否定命题，通常用字母 E 表示，其语言表达形式为"所有的……都不是……"。

③特称肯定命题，通常用字母 I 表示，其语言表达形式为"有些……是……"。

④特称否定命题，通常用字母 O 表示，其语言表达形式为"有些……不是……"。

上述 A、E、I、O 四种命题在两个前提、一个结论中的各种不同组合的形式就称为三段论的式。比如，大小前提和结论都是由全称肯定命题所构成，则这种三段论就是 AAA 式三段论；如果大前提是全称肯定命题，小前提和结论是特称肯定命题，就叫作 AII 式三段论。

在三段论中，大小前提以及结论都可能是 A、E、I、O 四种命题。因此，按前提和结论的质、量不同排列，可有 4×4×4＝64 种式。每种式又可能有四种不同的格。结合式和格，则共有 64×4＝256 种可能的三段论推理格、式的结合。但是，根据形式逻辑的有关定理，能推出正确结论的格、式只有 24 种。根据现代逻辑理论，去掉弱式（指能得出全称结论却得出特称结论的三段论推理）和考虑反映空类和全类等因素，则只有 15 种有效式。如果推理者在推理时，认为无效的推理格、式中所推出的结论是正确的，就要犯逻辑推理错误。

三、自然演绎推理

自然演绎推理是从一组已知为真的事实出发，直接运用经典逻辑的推理规则，推出结论的过程。其中，基本的推理规则有 P 规则、T 规则、假言推理和拒取式推理等。

P 规则是指在推理的任何步骤上都可以引入前提，继续进行推理。

T 规则是指在推理时，如果前面步骤中有一个或多个公式蕴涵 S，则可以把 S 引入推理过程中。

假言推理的一般形式：$P, P \rightarrow Q => Q$。它表示由 $P \rightarrow Q$ 及 P 为言，可推出 Q 为真。例如，由"如果 x 是水果，则 x 能吃"及"苹果是水果"可推出"苹果能吃"的结论。

拒取式推理的一般形式：$P \rightarrow Q, \sim Q => \sim P$。它表示由 $P \rightarrow Q$ 为真及 Q 为假，可推出 P 为假。例如，由"如果下雨，则地上湿"及"地上不湿"可推出"没有下雨"的结论。

这里，应注意避免如下两类错误：一是肯定后件（Q）的错误；二是否定前件（P）的错误。所谓肯定后件是指，当 $P \rightarrow Q$ 为真时，希望通过肯定后件 QQ 为真来推出前件 P 为真，这是不允许的。例如，伽利略在论证哥白尼的日新说时，曾使用了如下推理。

①如果行星系统是以太阳为中心的，则金星会显示出位相变化。

②金星显示出位相变化。

③所以，行星系统是以太阳为中心的。

这就是使用了肯定后件的推理，违反了经典逻辑的逻辑规则，他为此曾遭到非难。所谓否定前件是指，当 $P \rightarrow Q$ 为真时，希望通过否定前件 P 来推出后件 Q 为假，这也是不允许的。例如，下面的推理就是使用了否定前件的推理，违反了逻辑规则。

①如果上网，则能知道新闻。

②没有上网。

③所以，不知道新闻。

这显然是不正确的，因为通过收听广播，也会知道新闻。事实上，只要仔细

分析关于 $P \rightarrow Q$ 的定义，就会发现当 $P \rightarrow Q$ 为真时，肯定后件或否定前件所得的结论既可能为真，也可能为假，不能确定。

一般来说，由已知事实推出的结论可能有多个，只要其中包含了待证明的结论，就认为问题得到了解决。自然演绎推理的优点是定理证明过程自然，容易理解；它拥有丰富的推理规则，推理过程灵活，便于在它的推理规则中嵌入领域启发式知识。其缺点是容易产生组合爆炸，推理过程中得到的中间结论一般呈指数形式递增，这对一个大的推理问题来说是十分困难的，甚至是不可能实现的。

四、产生式系统

产生式系统模拟人类求解问题的思维过程，是最典型、最普遍的一种推理形式。目前，大多数专家系统采用产生式系统的结构来建造。

（一）产生式系统的基本结构

产生式系统的基本结构由综合数据库、产生式规则库和控制系统构成。综合数据库也称作语境，是人工智能产生式系统所使用的主要数据结构，它用来表述问题状态或有关事实，即它含有所求解问题的信息，其中有些部分可以是不变的，有些部分则可能只与当前问题的解有关。规则库中每条产生式左侧所提的条件必须出现在语境数据结构之中，产生式才能发生动作。语境数据结构可以是简单的表、非常大的数组，或者更典型的是具有本身某种内部结构的中等大小的缓冲器。现代产生式系统的一个工作循环通常包含匹配、选择和动作三个阶段。匹配通过的产生式组成一个竞争集，必须根据选优策略在其中选用一条，被选的产生式规则除了执行规定动作外，还要修改全局数据库的有关条款。

产生式规则库中每条规则是一个"条件-动作"的产生式，且各规则之间的相互作用（调用关系）不大。产生式规则的一般形式为条件→动作或前提→结论。

一条产生式规则满足了应用的先决条件之后，就可对综合数据库进行操作，使其发生变化。如综合数据库代表当前状态，则应用规则后就使状态发生转换，生成出新状态。

控制系统或策略是规则的解释程序。它规定了如何选择一条可应用的规则对数据库进行操作，即决定了问题求解过程的推理路线。当数据库满足结束条件时，系统就应停止运行，还要使系统在求解过程中记住应用过的规则序列，以便最终能给出解的路径。

推理的控制策略主要包括推理方向、搜索策略、求解策略及限制策略等。关于推理的求解策略是指，推理是只求一个解，还是求所有解及最优解等。限制策略是指为了防止无穷的推理过程，以及由于推理过程太长增加时间和空间的复杂性，可在控制策略中指定推理的限制条件，以对推理的深度、宽度、时间和空间等进行限制。推理方向用于确定推理的驱动方式，分为正向推理、反向推理及混合推理等。

（二）正向推理

正向推理又称为数据驱动推理，是从初始状态出发，使用规则，达到目标状态。正向推理的基本思想是，从用户提供的初始已知事实出发，在规则集 RS 中选出一条可适用的规则进行推理，并将推出的新事实加入数据库中作为下一步推理的已知事实。在此之后再在规则集中选取可适用规则进行推理，如此重复进行这一过程，直到求得了所要求的解或者规则集中再无可适用的规则为止。

在以上推理过程中要从规则集中选出可适用的规则，这就要用规则集中的规则与数据库中的已知事实进行匹配，为此就需要确定匹配的方法。另外，匹配通常都难以做到完全一致，因此还需要解决怎样才算是匹配成功的问题。为了进行匹配，就要查找规则，这就涉及按什么路线进行查找的问题，即按什么策略搜索规则集。如果适用的知识只有一条，这比较简单，系统立即就可用它进行推理，并将推出的新事实送入数据库 DB 中。但是，如果当前适用的知识有多条，应该先用哪一条？这是推理中的一个重要问题，称为冲突消解策略。

（三）反向推理

反向推理是以某个假设目标作为出发点的一种推理，又称为目标驱动推理。反向推理的基本思想是，首先选定一个假设目标，然后寻找支持该假设的证据，若所需的证据都能找到，则说明原假设是成立的；若无论如何都找不到所需要的证据，则说明原假设不成立，此时需要另做新的假设。

与正向推理相比，反向推理更复杂一些。如何判断一个假设是不是证据？当导出假设的知识有多条时，如何确定先选哪一条？另外，一条知识的运用条件一般都有多个，当其中的一个经验证成立后，如何自动地换为对另一个的验证？在验证一个运用条件时，需要把它当作新的假设，并查找可导出该假设的知识，这样就又会产生一组新的运用条件，如此不断地向纵深方向发展，就会产生处于不同层次上的多组运用条件，形成一个树状结构，当到达叶节点（数据库中有相应的事实或者用户可肯定相应事实存在等）时，又须需几种逐层向上返回，返回过程中有可能又要下到下一层，这样上上下下重复多次，才会导出原假设是否成立的结论。这是一个比较复杂的推理过程。

反向推理的主要优点是不必使用与目标无关的知识，目的性强，同时它还有利于向用户提供解释。其主要缺点是初始目标的选择有盲目性，若不符合实际，就要多次提出假设，影响到系统的效率。

（四）混合推理

正向推理具有盲目、效率低等缺点，推理过程中可能会推出许多与问题求解无关的子目标；反向推理中，若提出的假设目标不符合实际，也会降低系统的效率。为解决这些问题，可把正向推理与反向推理结合起来，使其各自发挥自己的优势，取长补短，像这样既有正向又有反向的推理称为混合推理。另外，在下述三种情况下，通常也需要进行混合推理。

①已知的事实不充分。当数据库中的已知事实不够充分时，若用这些事实与知识的运用条件进行匹配来正向推理，可能连一条适用知识都选不出来，这就使推理无法进行下去。此时，可通过正向推理先把其运用条件不能完全匹配的知识都找出来，并把这些知识可导出的结论作为假设，然后分别对这些假设进行反向推理。由于在反向推理中可以向用户询问有关证据，这就有可能使推理进行下去。

②由正向推理推出的结论可信度不高。用正向推理进行推理时，虽然推出了结论，但可信度可能不高，达不到预定的要求。此时为了得到一个可信度符合要求的结论，可用这些结论作为假设，然后进行反向推理，通过向用户询问进一步的信息，有可能会得到可信度较高的结论。

③希望得到更多的结论。在反向推理过程中，由于要与用户进行对话，有针对性地向用户提出询问，这就有可能获得一些原来不掌握的有用信息，这些信息不仅可用于证实要证明的假设，同时还可能有助于推出其他结论。因此，在用反向推理证实了某个假设之后，可以再用正向推理推出另外一些结论。例如，在医疗诊断系统中，先用反向推理证实了某病人患有某种病，然后再利用反向推理过程中获得的信息进行正向推理，就有可能推出该病人还患有其他什么病。

由以上讨论可以看出，混合推理分为两种情况：一种情况是先进行正向推理，帮助选择某个目标，即从已知事实演绎出部分结果，然后再用反向推理证实该目标或提高其可信度；另一种情况是先假设一个目标进行反向推理，然后再利用反向推理中得到的信息进行正向推理，以推出更多的结论。

第五章 基于知识的人工智能系统

第一节 机器学习

一、器学习的内涵

(一) 机器学习原理

顾名思义，机器学习就是让计算机模拟人的学习行为，或者说让计算机也具有学习的能力。学习与经验有关，学习可以改善系统性能。经验是在系统与环境的交互过程中产生的。因此，经验的积累、性能的完善正是通过重复这一过程而实现的。

机器学习的流程就是：①对于输入信息，系统根据目标和经验做出决策予以响应，即执行相应动作；②对目标的实现或任务的完成情况进行评估；③将本次的输入、响应和评价作为经验予以存储记录。可以看出，第一次决策时系统中还无任何经验，但从第二次决策开始，经验便开始积累。这样，随着经验的丰富，系统的性能自然就会不断改善和提高。

记忆学习实际上是人类和动物的一种基本学习方式。然而，这种依靠经验来提高性能的记忆学习存在严重的不足。所以，学习方式需要延伸和发展。可想而知，如果能在积累的经验中进一步发现规律，然后利用所发现的规律即知识来指导系统行为，那么系统的性能将会得到更大的改善和提高。

机器学习原理是一个完整的学习过程。它可分为三个子过程，即经验积累过程、知识生成过程和知识运用过程。这种学习方式也适合于机器的技能训练，如机器人的驾车训练。

现在的机器学习研究一开始就把事先组织好的经验数据直接作为学习系统的

输入，然后对其归纳推导而得出知识，再用所得知识去指导行为、改善性能。

现在的机器学习实际上主要是机器的直接发现式学习，而对于人类已有知识（如书本知识）的学习，还几乎未涉及。或者说，现在的机器学习主要就是知识发现和技能训练性学习，而并非类似人类通过听讲、阅读等形式获取前人或他人所发现的知识的学习。

（二）机器学习分类

机器学习的类别更加繁多。下面从不同的视角，仅对一些常见的、典型的机器学习名称进行归类。

1. 基于学习方式的分类

基于学习方式，机器学习可分为有导师学习（监督学习）、无导师学习（非监督学习）、强化学习（增强学习），具体如表 5-1 所示。

表 5-1　基于学习方式的机器学习分类

类型	相关表述
有导师学习（监督学习）	输入数据中有导师信号，以概率函数、代数函数或人工神经网络为基函数模型，采用迭代计算方法，学习结果为函数
无导师学习（非监督学习）	输入数据中无导师信号，采用聚类方法，学习结果为类别。典型的无导师学习有发现学习、聚类学习、竞争学习等
强化学习（增强学习）	以环境反馈（奖/惩信号）作为输入，以统计和动态规划技术为指导的一种学习方法

2. 基于数据形式的分类

基于数据形式，机器学习可分为结构化学习、非结构化学习，二者还可以进一步细分，具体如表 5-2 所示。

表 5-2　基于数据形式的机器学习分类

类型项目		相关表述
结构化学习	神经网络学习	以结构化数据为输入，以数值计算或符号推演为方法
	统计学习	
	决策树学习	
	规则学习	

续表

类型项目		相关表述
非结构化学习	类比学习	以非结构化数据为输入
	案例学习	
	解释学习	
	图像挖掘	
	（web）挖掘	

3. 基于学习目标的分类

基于学习目标，机器学习可分为概念学习、规则学习、函数学习、类别学习、贝叶斯网络学习，具体如表5-3所示。

表5-3　基于学习目标的机器学习分类

类型	相关表述
概念学习	即学习的目标和结果为概念，或者说是为了获得概念的一种学习。典型的概念学习有示例学习
规则学习	即学习的目标和结果为规则，或者说是为了获得规则的一种学习。典型的规则学习有决策树学习
函数学习	即学习的目标和结果为函数，或者说是为了获得函数的一种学习。典型的函数学习有神经网络学习
类别学习	即学习的目标和结果为对象类，或者说是为了获得类别的一种学习。典型的类别学习有聚类分析
贝叶斯网络学习	即学习的目标和结果是贝叶斯网络，或者说是为了获得贝叶斯网络的一种学习。其又可分为结构学习和参数学习

4. 基于学习策略的分类

基于学习策略，机器学习有模拟人脑的机器学习、直接采用数学方法的机器学习。

模拟人脑的机器学习又可分为符号学习、神经网络学习（或连接学习），具体如表5-4所示。

直接采用数学方法的机器学习主要有统计机器学习。

表 5-4　模拟人脑的机器学习分类

类型	相关表述
符号学习	模拟人脑的宏观心理级学习过程，以认知心理学原理为基础，以符号数据为输入，以符号运算为方法，用推理过程在图或状态空间中搜索，学习的目标为概念或规则等。符号学习的典型方法有记忆学习、示例学习、演绎学习、类比学习、解释学习等
神经网络学习（或连接学习）	模拟人脑的微观生理级学习过程，以脑和神经科学原理为基础，以人工神经网络为函数结构模型，以数值数据为输入，以数值运算为方法，用迭代过程在系数向量空间中搜索，学习的目标为函数。典型的连接学习有权值修正学习、拓扑结构学习等

5. 基于学习方法的分类

基于学习方法的机器学习，可分为归纳学习、演绎学习，具体如表 5-5 所示。

表 5-5　基于学习方法的机器学习分类

类型		相关表述
归纳学习	符号归纳学习	典型的符号归纳学习有示例学习、决策树学习等
	函数归纳学习（发现学习）	典型的函数归纳学习有神经网络学习、示例学习、发现学习、统计学习等
演绎学习	类比学习	典型的类比学习有案例（范例）学习
	分析学习	典型的分析学习有案例（范例）学习和解释学习等

二、归纳学习与强化学习

（一）归纳学习

1. 归纳学习的一般模式

按照归纳学习的模式，给定：

①一组从观测得出的陈述事实 E，即获得关于对象的情况及过程等的知识表示。

②一个试探性的归纳断言（也可能不成立而为空）。

③背景知识，包括有关领域知识、对于上述 E 的约束条件、假定、可供参考的归纳断言，以及表征该断言期望性质的参考准则等。

求：归纳断言（假说）H，使重言蕴涵或弱蕴涵的事实集 E，并满足背景知识。

若在所有解释下，$H \rightarrow E$ 为真，即 H 永真蕴涵 E，则有 $H \mid > E$，读作 H 特殊化为 E；或 $E \mid < H$，读作 E 一般化为 H。

其中，" $\mid >$ "表示特殊化算符，" $\mid <$ "表示一般化算符。

H 弱蕴涵 E 的意思，指 H 蕴涵的 E 不完全确实，即仅仅是似然的或是 H 的部分结论。因为从任一给定事实集 E，可以归纳产生无限多个可能蕴涵 E 的 H，却无法证明每一个这样的蕴涵是否都为真。

2. 归纳学习方法

一般的归纳学习方法有两种：示例学习及发现和观察学习。

（1）示例学习

示例学习，又称实例学习或从例子中学习。它是通过环境取得的若干实例中，包括一些相关的正例和反例，而归纳出一般性概念或规则的方法。示例学习不仅可以学习概念，也可获得规则。它一般也是采用实例空间和规则空间实施学习。示例学习可以看作实例空间和规则空间相互作用的过程。

（2）发现和观察学习

发现和观察学习过程，观察取自有关环境的大量数据、实例，以及对经验数据的了解与分析，发现即经过搜索而归纳出规则，机器学习系统由此推导、归纳总结出一般规律性的结论知识。这是一种没有教师指导的归纳学习，其学习形式包括概念聚类、结构分类、数据拟合、发现自然定律以至建立系统行为的理论。

（二）强化学习

在强化学习中，学习系统根据从环境中反馈信号的状态（奖、罚），调整系统的参数。近年来，根据反馈信号的状态，提出了 Q-学习和时差学习等强化学习方法。

1. 学习自动机

在著名的强化学习方法中，学习自动机是最普通的方法。这种系统的学习机制包括两个模块：学习自动机和环境。自动机根据所接收到的刺激，对环境做出反应，环境接收到该反应，对其做出评估，并向自动机提供新的刺激。学习系统根据自动机上次的反应和当前的输入自动地调整其参数。延时模块用于保证上次的反应和当前的刺激同时进入学习系统。

2. Q-学习

Q-学习是一种基于时差策略的强化学习，它是指在给定的状态下，在执行完某个动作后期望得到的效用函数，该函数为动作值函数。在 Q-学习中，动作值函数表示为 $Q(a, i)$，它表示在状态 i 执行动作 a 的值，也称为 Q-值。在 Q-学习中，使用 Q-值代替效用值，效用值和 Q-值之间的关系如下：

$$U(i) = MaX_a Q(a, i) \qquad (5-1)$$

在强化学习中，Q-值起着非常重要的作用：第一，和条件—动作规则类似，它们都可以不需要使用模型就可以做出决策；第二，与条件—动作不同的是，Q-值可以直接从环境的反馈中学习获得。

强化学习方法作为一种机器学习的方法，在很多领域里得到了应用，如强化学习已经在博弈、机器人控制等方面得到了应用。另外，在 Internet 信息搜索方法，搜索引擎必须能自动地适应用户的要求，这类问题也属于无背景模型的学习问题，也可以采用强化学习来解决这类问题。

三、监督学习与半监督学习

（一）监督学习

监督学习是机器学习中最重要的一类方法，占据了目前机器学习算法的绝大部分。监督学习就是在已知输入和输出的情况下训练出一个模型，将输入映射到输出。作为目前最广泛使用的机器学习算法，监督学习已经发展出了数以百计的不同方法。下面将选取易于理解及目前被广泛使用的 K 近邻算法、决策树和支持向量机为代表，分析其基本原理。

1. K-近邻算法

K-近邻算法是最简单的机器学习分类算法之一，适用于多分类问题。简单来说，其核心思想就是"排队"：给定训练集，对于待分类的样本点，计算待预测样本和训练集中所有数据点的距离，将距离从小到大取前 K 个，则哪个类别在前 K 个数据点中的数量最多，就被认为待预测的样本属于该类别。

2. 决策树

决策树是一类常见的监督学习方法，代表的是对象属性与对象值之间的一种映射关系。顾名思义，决策树是基于树结构来进行决策的，一棵决策树一般包含一个根结点、若干个内部结点和若干个叶结点，其中每个内部节点表示一个属性上的测试，每个分支代表一个测试输出，每个叶节点代表一种类别。

决策树学习的目的是产生一棵泛化能力强（处理未见示例能力强）的决策树，其基本流程遵循简单且直观的"分而治之"策略。同其他分类器相比，决策树易于理解和实现，具有能够直接体现数据的特点。因此，人们在学习过程中不需要了解很多的背景知识。

3. 支持向量机

支持向量机（Support Vector Machine，SVM）在解决小样本、非线性及高维模式识别中表现出许多特有的优势，并能够推广应用到函数拟合等其他机器学习问题中。它以训练误差作为优化问题的约束条件，以置信范围值最小化作为优化目标，即 SVM 是借助最优化方法解决机器学习问题的新工具，是一种基于结构风险最小化准则的学习方法。

（二）半监督学习

半监督学习是一种典型的弱监督学习方法。在半监督学习中，我们通常只拥有少量有标注数据的情况，这些有标注数据并不足以训练出好的模型，但同时我们拥有大量未标注数据可供使用，可以通过充分地利用少量的有监督数据和大量的无监督数据来改善算法性能。因此，半监督学习可以最大限度地发挥数据的价值，使机器学习模型从体量巨大、结构繁多的数据中挖掘出隐藏在背后的规律，被广泛应用于社交网络分析、文本分类、计算机视觉和生物医学信息处理等诸多领域。

在半监督学习中，基于图的半监督学习方法被广泛采用。该方法将数据样本间的关系映射为一个相似度图。其中，图的节点表示数据点（包括标记数据和无标记数据）；图的边被赋予相应权重，代表数据点之间的相似度，通常来说，相似度越大，权重越大。对无标记样本的识别，可以通过图上标记信息传播的方法实现，节点之间的相似度越大，标签越容易传播；反之，传播概率越低。在标签传播过程中，保持已标注数据的标签不变，使其像一个源头把标签传向未标注节点。

基于图的半监督学习算法简单有效，符合人类对于数据样本相似度的直观认知，同时还可以针对实际问题灵活定义数据之间的相似性，具有很强的灵活性。尤其需要指出的是，基于图的半监督学习具有坚实的数学基础做保障，通常可以得到闭式最优解，因此具有广泛的适用范围。

第二节　深度学习

一、机器学习与深度学习

人类一直试图让机器具有智能，也就是人工智能（AI）。20 世纪 50 年代开始，人工智能的发展经历了"推理期"，通过赋予机器逻辑推理能力使机器获得智能，当时的 AI 程序能够证明一些著名的数学定理，但由于机器缺乏知识，远不能实现真正的智能。因此，20 世纪 70 年代，人工智能的发展进入"知识期"，即将人类的知识总结出来教给机器，使机器获得智能。在这一时期，大量的专家系统问世，在很多领域取得大量成果，但由于人类知识量巨大，故出现"知识工程瓶颈"。

无论是"推理期"还是"知识期"，首先，机器都是按照人类设定的规则和总结的知识运作的，永远无法超越其创造者；其次，人力成本太高。于是，一些学者就想到，如果机器能够自我学习，问题不就迎刃而解了吗？机器学习方法应运而生，人工智能进入"机器学习时期"。进入 21 世纪，深度神经网络被提出，连接主义卷土重来，随着数据量和计算能力的不断提升，以深度学习（Deep Learning，DL）为基础的诸多 AI 应用逐渐成熟。

机器学习也是一类算法的总称，这些算法企图从大量历史数据中挖掘出其中隐含的规律，并用于预测或者分类，更具体地说，机器学习可以看作是寻找一个函数，输入是样本数据，输出是期望的结果，只是这个函数过于复杂，以至于不太方便形式化表达。需要注意的是，机器学习的目标是使学到的函数很好地适用于"新样本"，而不仅是在训练样本上表现很好。学到的函数适用于新样本的能力，称为泛化能力。

深度学习是机器学习（Machine Learning，ML）领域中一个新的研究方向，它被引入机器学习使其更接近于最初的目标——人工智能（AI）。

深度学习是机器学习的一个分支（最重要的分支），而机器学习又是实现人工智能的必经路径。深度学习的概念源于人工神经网络的研究，含多个隐藏层的多层感知器就是一种深度学习结构。深度学习通过组合低层特征形成更加抽象的高层表示属性类别或特征，以发现数据的分布式特征表示。研究深度学习的动机在于建立模拟人脑进行分析学习的神经网络，它模仿人脑的机制来解释数据，例如图像、声音和文本等。深度学习的概念源于人工神经网络的研究，但是并不完全等于传统神经网络。不过在叫法上，很多深度学习算法中都会包含"神经网络"这个词，比如，卷积神经网络（CNN）、循环神经网络（Recurrent Neural Networks，RNN）等深度学习算法。

二、神经网络

（一）神经网络的定义

人工神经网络是模拟人的直观性思维模式，在现代生物学研究人脑组织所取得的成果的基础上，用大量简单的处理单元广泛连接组成复杂网络，用以模拟人类大脑神经网络结构与行为。

人工神经网络是一个非线性系统，其特色在于信息的分布式存储和并行协同处理。目前，人工神经网络工具已有人脑功能的基本特征：学习、记忆和归纳。

①学习：人工神经网络可以被训练，通过训练事件来决定自身行为。

②记忆（概括）：人工神经网络对外界输入信息的少量丢失或网络组织的局部缺损不敏感，正如大脑每日有大量神经细胞正常死亡，但不影响大脑的功能。

③归纳（联想）：例如，对一张人像的一系列不完整的照片识别训练后，再任选一张缺损的照片让神经网络识别，网络将会做出一个完整形式人像照片的响应。

神经网络是一种模拟人脑的神经网络以期能够实现类人工智能的机器学习技术。

（二）神经元模型

1. 生物神经元模型

人脑中的神经网络是一个非常复杂的组织。成人的大脑中估计有 1000 亿个神经元之多。一个神经元通常具有多个树突，主要用来接收传入信息；而轴突只有一条，轴突尾端有许多轴突末梢可以给其他多个神经元传递信息。轴突末梢跟其他神经元的树突产生连接，从而传递信号。这个连接的位置在生物学上叫作"突触"。

2. 人工神经元模型

人工神经元模型是对生物神经元的简化和模拟，它是神经网络的基本处理单元，包含输入、输出与计算功能的模型。输入可以类比为神经元的树突，而输出可以类比为神经元的轴突，计算则可以类比为细胞核。

3. 神经网络模型

神经网络是由大量的神经元广泛互联而成的网络。人工神经网络（模型）是根据人脑原理将大量人工神经元连接构成一个神经网络去模拟人脑神经网络的特性。

网络可分为若干层：输入层、中间层（中间层可为若干层）、输出层。

如果每一层神经元只接受前一层神经元的输出称为前向网络。如果网络中任意两个神经元都可能有连接称为互相连接型网络。

（三）感知机模型

感知机被看作为神经网络（深度学习）的起源的算法。感知机是二分类的线性模型，其输入的是实例的特征向量，输出的是事例的类别，分别是 +1 和 -1，属于判别模型。

感知机要求数据集本身线性可分为感知机学习的目标是求得一个能够将训练数据集正实例点和负实例点完全正确分开的分离超平面。

二维平面上，线性可分意味着能用一条直线将正、负样本分开。

（四）误差逆传播算法（BP 算法）

多层网络的学习能力比单层感知机强很多。训练多层网络，简单感知机学习规则显然不够，需要更强大的学习算法。误差逆传播（Back Propagation，BP）算法就是其中最杰出的代表，是迄今最成功的神经网络学习算法。现实任务中使用神经网络时，大多是在使用 BP 算法进行训练。值得指出的是，BP 算法不仅可以用于多层前馈神经网络，还可用于其他类型的神经网络，例如训练递归神经网络。但通常说"BP 网络"时，一般指用 BP 算法训练的多层前馈神经网络。

BP 算法是一个迭代学习算法，在迭代的每一轮中采用广义的感知机学习规则对参数进行更新估计。对每个训练样例，BP 算法执行以下操作：先将输入示例提供给输入层神经元，然后逐层将信号前传，直到产生输出层的结果；计算输出层的误差，再将误差逆向传播至隐层神经元，最后根据隐层神经元的误差对连接权和阈值进行调整。该迭代过程循环进行，直至达到某些停止条件，例如训练误差已达到一个很小的值。BP 算法的目标是最小化训练集 D 上的累计误差。

$$E = \frac{1}{m} \sum_{k=1}^{m} E_k \tag{5-2}$$

标准 BP 算法：每次更新只针对单个样例，参数更新得非常频繁，而且对不同样例进行更新的效果可能出现"抵消"现象。因此，为了达到同样的累计误差极小点，标准 BP 算法须进行更多次数的迭代。

累积 BP 算法：直接针对累积误差最小化，它在读取整个训练集 D 一遍后才对参数进行更新，其参数更新的频率低得多。但在很多任务中，累积误差下降到一定程度后，进一步下降会非常缓慢。

由于 BP 神经网络强大的表示能力，经常遭遇过拟合，其训练误差持续降低，但测试误差可能上升。为了缓解 BP 神经网络的过拟合，有两种策略：第一种策略是"早停"：将数据分成训练集和验证集，训练集用来计算梯度、更新连接权和阈值；验证集用来估计误差，若训练集误差降低但验证集误差升高，则停止训练，同时返回具有最小验证集误差的连接权和阈值。第二种策略是"正则化"：在误差目标函数中增加一个用于描述网络复杂度高的部分，其基本思想是在误差目标函数中增加一个用于描述网络复杂度的部分。

三、卷积神经网络

卷积神经网络是一种深度学习模型或类似于人工神经网络的多层感知器，常用来分析视觉图像。卷积神经网络架构与常规人工神经网络架构非常相似，特别是在网络的最后一层，即全连接。此外，还应注意到卷积神经网络能够接受多个特征图作为输入，而不是向量。

卷积神经网络的层级结构包含数据输入层、卷积计算层、激励层、池化层和全连接层。

（一）数据输入层

该层要做的处理主要是对原始图像数据进行预处理，其中包括以下方面。

①去均值。把输入数据各个维度都中心化为 0，其目的就是把样本的中心拉回到坐标系原点上。

②归一化。幅度归一化到同样的范围，即减少各维度数据取值范围的差异而带来的干扰，比如，有两个维度的特征 A 和 B，A 是 $0 \sim 10$，而 B 是 $0 \sim 10\,000$，如果直接使用这两个特征是有问题的，好的做法就是归一化，即 A 和 B 的数据都变为 $0 \sim 1$。

③PCA/白化。用 PCA 降维，白化是对数据各个特征轴上的幅度归一化。

（二）卷积计算层

这一层就是卷积神经网络最重要的一个层次，也是"卷积神经网络"名字的来源。

在这个卷积层，有两个关键操作：一是局部关联，每个神经元看作一个滤波器；二是窗口滑动，滤波器对局部数据计算。

（三）激励层

把卷积层输出结果做非线性映射。CNN 采用的激励函数一般为 reLU（The rectified Linear Unit，修正线性单元），它的特点是收敛快、求梯度简单，但较脆弱。一般实践经验是，首先试 reLU，因为它比较快，但要小心点；如果 reLU 失效，可以试用 Leaky reLU 或者 Maxout，在某些情况下 Tanh 也会有不错的结果，但是用得较少；基本不用 Sigmoid。

（四）池化层

池化层夹在连续的卷积层中间，用于压缩数据和参数的量，减小过拟合。简而言之，如果输入的是图像，那么池化层的最主要作用就是压缩图像。

一是特征不变性，在图像处理中经常提到的特征的尺度不变性，池化操作就是图像的 Resize。平时一张狗的图像被缩小 1/2 还能认出这是一张狗的照片，这说明这张图像中仍保留着狗最重要的特征，一看就能判断图像中画的是一只狗，图像压缩时去掉的信息只是一些无关紧要的信息，而留下的信息则是具有尺度不变性的特征，是最能表达图像的特征。

二是特征降维，一幅图像含有的信息是很多的，特征也很多，但是有些信息对于某一任务没有太多用途或者有重复，就可以把这类冗余信息去除，把最重要的特征抽取出来，这也是池化操作的一大作用。

三是在一定程度上防止过拟合，更方便优化。

（五）全连接层

全连接层是把两层之间所有神经元都由权重连接，通常全连接层在卷积神经网络尾部。跟传统的神经网络神经元的连接方式相同，与多层感知器一样，全连接层也是首先计算激活值，然后通过激活函数计算各单元的输出值。激活函数包括 Sigmoid、Tanh、reLU 等函数。由于全连接层的输入就是卷积层或池化层的输出，是二维的特征图，所以需要对二维特征图进行降维处理。

四、循环神经网络

前馈网络可以分为若干层，各层按信号传输先后顺序依次排列，第 i 层的神经元只接收第（$i-1$）层神经元给出的信号，各神经元之间没有反馈。前馈型网络可用有向无环图表示。前馈神经网络用于处理有限的、定长的输入空间上的问题是很有优势的。使用越多的隐藏层节点就能学习到越多的信息，能更好地处理特定的任务。而循环神经网络处理方式与前馈神经网络有着本质上的不同，循环神经网络只处理一个单一的输入单元和上一个时间点的隐藏层信息。这使得循环神经网络能够更加自由和动态地获取输入的信息，而不受到定长输入空间的限制。

RNN 之所以称为循环神经网络，即"一个序列的当前输出与前面的输出也是有关的"。具体体现在后面层的输入值要加入前面层的输出值，即隐藏层之间不再是不相连的而是有连接的。

循环神经网络由输入层、一个隐藏层和一个输出层组成。与以往的神经元相比，它包含了一个反馈输入，如果将其按照时间变化展开可以看到循环神经网络单个神经元类似一系列权值共享前馈神经元的依次连接，连接后同传统神经元相同，随着时间的变化，输入和输出会发生变化，但不同的是循环神经网络上某一时刻神经元的"历史信息"会通过权值与下一时刻的神经元相连接，这样循环神经网络在 t 时刻的输入完成与输出的映射且参考了 t 之前所有输入数据对网络的影响，形成了反馈网络结构。

上述问题主要在于网络训练时需要计算的网络代价函数梯度，而梯度计算与神经元之间连接的权值密切相关，在训练学习过程中很容易造成梯度爆炸或者梯度消失问题。常见的网络训练学习算法以反向传播算法或者实时递归学习算法为主，随着时间的推移，数据量逐步增大及网络隐层神经元自身循环问题，这些算法的误差在按照时间反向传播时会产生指数增长或者消失问题。由于时间延迟越来越长，而需要参考的信号也越来越多，这样权值数量也会出现激增，最终，很小的误差经过大量的权值加和之后出现指数式增长，导致无法训练或者训练时间过长。而梯度消失问题指网络刚开始输入的具有参考价值的数据，随着时间变化新输入网络的数据会取代网络先前的隐层参数导致最初的有效信息逐步被"忘记"，如果以颜色深浅代表数据信息的有用程度，那么随着时间的推移，数据信息的有用性将逐步被淡化。这两种问题都会导致网络的实际建模缺陷，无法参考时间间隔较远的序列状态，最终在与网络相关的分类识别类似的应用中仍旧无法获得好的实践效果。

第三节　专家系统

一、专家系统的内涵

(一) 专家系统的概念

"专家系统"不是表述一个产品，而是表示一整套概念、过程和技术。专家系统技术能够帮助人们分析和解决只能用自然语言描述的复杂问题，这样就扩展了计算机能做的计算和统计工作，使计算机具有了思维能力。它将本领域众多专家的经验和知识汇集在一起，使人们共享知识成为可能，并在必要时能修改这些知识。专家系统作为一种计算机系统，继承了计算机快速、准确的特点，在某些方面比人类专家更可靠、更灵活。可以这样认为：

$$专家系统 = 知识库 + 推理机 \qquad (5\text{-}3)$$

专家系统把知识和系统中其他部分分离开来，它强调的是知识而不是方法。目前，专家系统知识相对比较缺乏，并且只有当人类专家拥有丰富的知识时，才可以解决大量的问题，所以知识在专家系统中具有非常重要的地位。

(二) 专家系统的结构与工作原理

完整的专家系统一般应包括知识库、推理机、数据库、人机接口、解释机构和知识获取机构六部分。

专家系统的核心是知识库和推理机，其工作过程是根据知识库中的知识和用户提供的事实进行推理，把求解的问题由未知状态转换为已知状态。在专家系统的运行过程中，会不断地通过人机接口与用户进行交互，向用户提问，并向用户做出解释。

(三) 专家系统的类型

若按专家系统的特性及功能分类，专家系统可分为 10 类，具体如表 5-6 所示。表 5-6 中的分类往往不是很确切，因为许多专家系统不止一种功能。

表 5-6　专家系统的类型

类型	相关表述
解释型专家系统	能根据感知数据，经过分析、推理，从而给出相应解释，例如，化学结构说明、图像分析、语言理解、信号解释，地质解释、医疗解释等专家系统
诊断型专家系统	能根据取得的现象、数据或事实推断出系统是否有故障，并能找出产生故障的原因，给出排除故障的方案。代表性的诊断型专家系统有 MYCIN、CASNET、PUFF（肺功能诊断系统）、PIP（肾脏病诊断系统）、DART（计算机硬件故障诊断系统）等
预测型专家系统	能根据过去和现在的信息（数据和经验）推断可能发生和出现的情况，如用于天气预报、地震预报、市场预测、人口预测、灾难预测等领域的专家系统
设计型专家系统	能根据给定要求进行相应的设计，如用于工程设计、电路设计、机械设计等的专家系统。代表性的设计型专家系统有 XCON（计算机系统配置系统）、KBVLSI（VLSI 电路设计专家系统）等
规划型专家系统	能按给定目标拟订总体规划、行动计划、运筹优化等，适用于机器人动作控制、工程规划、军事规划、城市规划、生产规划等领域。代表性的规划型专家系统有 NOAH（机器人规划系统）、SECS（制订有机合成规划的专家系统）、TATR（帮助空军制订攻击敌方机场计划的专家系统）等
控制型专家系统	能根据具体情况，控制整个系统的行为，适用于对各种大型设备及系统进行控制，代表性的控制型专家系统是 YES/MVS（帮助监控和控制 MVS 操作系统的专家系统）
监督型专家系统	能完成实时的监控任务，并根据监测到的现象做出相应的分析和处理。代表性的监督型专家系统是 REACTOR（帮助操作人员检测和处理核反应堆事故的专家系统）
修理型专家系统	是用于制订排除某类故障的规划并实施排除的一类专家系统，要求能根据故障的特点制订纠错方案，并能实施该方案排除故障：当制订的方案失效或部分失效时，能及时采取相应的补救措施
教学型专家系统	主要适用于辅助教学，并能根据学生在学习过程中所产生的问题进行分析和评价，找出错误原因，有针对性地确定教学内容或采取其他有效的教学手段。代表性的教学型专家系统是 GUIDON（讲授有关细菌传染性疾病方面医疗知识的计算机辅助教学系统）
调试型专家系统	用于对系统进行调试，能根据相应的标准检测被检测对象存在的错误，并能从多种纠错方案中选出适用于当前情况的最佳方案，排除错误

二、专家系统的开发、建造与评价

（一）专家系统的开发

1. 专家系统开发的前提

在开发专家系统之前，应确定所面对的问题是否适合用专家系统来解决，为此须从问题领域的合适性和知识获取的可能性两个方面来考虑。

（1）问题领域的合适性

从问题领域的合适性出发，应考虑以下问题：

①领域问题是否适合用专家系统来解决。

②领域问题的难度和规模是否适中。

③问题的领域范围是否太宽。

（2）知识获取的可能性

专家知识是专家系统解决问题的基础。因此，能否获取高质量的专家知识是开发专家系统的重要条件之一。具体体现在是否有高水平领域专家的积极参与，以及专家知识是否易于表示。

2. 专家系统的开发工具

目前，用于开发专家系统的工具主要包括程序设计语言、知识工程语言、辅助型工具、支持工具，具体如表5-7所示。

表5-7 专家系统的开发工具

工具类型	相关表述
程序设计语言	包括通用程序设计语言和人工智能语言。通用程序设计语言的主要代表有 C、PASCAL、ADA、C++等。人工智能语言主要有以 LISP 为代表的函数型语言和以 PROLOG 为代表的逻辑型语言。此外，对于基于网络的分布式协同专家系统的开发，Java 语言也是值得考虑的一种语言工具

工具类型		相关表述
知识工程语言	骨架型知识工程语言	在专家系统发展过程中，发挥了重要作用的专家系统外壳主要有 EMYCIN、KAS 及 EXPERT 等
	通用型知识工程语言	不依赖任何已有专家系统，不针对任何具体领域，完全重新设计的一类专家系统开发工具。与骨架系统相比，它具有更大的灵活性和通用性。目前，此类工具已有很多，最具代表性的是 OPS5
辅助型工具		主要包括一些用来帮助获取知识、表示知识的程序，以及帮助知识工程师在已定结构下设计专家系统的程序
支持工具		通常，专家系统支持工具由辅助调试、知识库编辑器、输入/输出界面及解释工具四个典型部分组成。目前，已有不少专家系统支持工具。例如，MORE 是卡内基-梅隆大学研制的一个通过访问领域专家产生诊断规则的专家系统支持工具

3. 专家系统的开发环境

专家系统开发环境就是集成化了的专家系统开发工具包，提供多种知识表示、多种不精确推理模型、多种知识获取手段、多样的辅助工具、多样的友好用户界面等。在国外已知的专家系统开发工具中，比较接近环境的有 GURU、AGE、ART、KEE、Knowledge Creft 和 ProKappa 等。

（二）专家系统的建造

专家系统要把知识从处理流程中独立出来，而且经验性知识的获取很困难，因此，从获取的知识的水平和处理问题的过程来讲，开发专家系统的比开发一般程序系统更复杂。

1. 专家系统的设计的准则

关于专家系统设计的准则，考虑因素不同、角度不同，所给出的准则也不同。为了使所设计的专家系统便于实现，一般要求遵循以下基本原则：

①获得正确的知识库。

②建立知识库规程。

③系统和用户界面及解释有合适的结构。

④提供适当的专家系统响应时间。

⑤对整个系统的变量提供适当的说明和文档。

⑥提供适当的分时选择。

⑦提供适应的用户接口。

⑧提供系统内的通信能力。

⑨提供自动程序设计和自动控制的能力，能向用户报警以避免潜在事故的发生。

⑩对现行专家系统的维护或更新的能力。

2. 专家系统的开发步骤

开发专家系统一般所采取的步骤是一个传统程序开发的循环形式，这个循环由应用领域选择与可行性分析、需求分析、知识获取、知识表示、初步设计、详细设计、实现编码、系统测试与评价这些序列构成，最后进行系统管理与维护。以下重点说前三步：

（1）应用领域选择与可行性分析

选择合适的应用领域问题是能否建造专家系统的首要条件。这一阶段的主要工作包括以下三个方面。

①问题调研：通过广泛的调查研究和征求意见，列出一切有应用专家系统需求的应用领域和问题，并根据需求的迫切性、市场的广阔性等对所选择的问题进行筛选，把那些具有市场前景的、迫切需要的项目选择出来。

②可行性分析：对上一步选择出的项目进行详细的可行性分析。包括：对问题实用性的分析；技术可行性，即专家及其经验的可获得性的分析；操作可行性，即确定问题的难度和专家系统的规模；经济可行性，即专家系统的费用/效益比分析。

③确定最终入选的问题：经过详细的问题调研和可行性分析之后，遴选出来的应用问题都适合于应用专家系统来解决，同时也是用户继续要解决的问题，并且开发这样的专家系统具有较好的费用/效益比。通过和用户或主管部门的充分协商，从这些候选的应用问题领域中，最终确定一个应用领域进行专家系统开发。

（2）需求分析

需求分析做得好坏是系统最终成败的关键之一。需求分析的主要任务包括充分地与用户和领域专家进行讨论，写出需求分析报告，选择有代表性的用户和专家对需求报告进行评审，写出专家系统的规格说明书与开发计划。需求规格说明书是这一步的重要结果，也是下一步工作开始的依据，其内容包括目标与任务描述、数据与知识描述、功能描述、性能描述、质量保证、时间与进度要求等。目标与任务描述简单，叙述在应用领域选择与可行性分析阶段确定的关于专家系统的目标；数据与知识描述用来表达专家系统所涉及的数据、知识，以及它们的获取方法、表示方法，还可以采用数据流图的方法表示出系统的逻辑模型；功能描述是对专家系统功能要求的说明，用形式化或非形式化的方法表示；性能描述则是对专家系统性能要求的说明，包括系统的处理速度、实时性要求、安全限制、问题解答的表示形式等；质量保证阐述在系统交付使用前需要进行的功能测试和性能测试，并且规定系统源程序和开发文档应该遵守的各种标准；时间与进度要求是对系统开发的一种管理，它直接关系到系统开发的计划、人员的组织与安排等。

（3）知识获取

知识获取不仅是知识工程师的主要工作之一，还必须取得领域专家的密切配合和支持，否则是不可能成功的。知识获取将是一个反复进行，不断修改、扩充和完善的冗长过程。

（三）专家系统的评价

严格地说，评价是贯穿于整个专家系统建造过程的一项工作，只不过在开始阶段进行的评价可以是非正式的，而随着系统开发的深入，其评价工作应该越来越正式。一般来说，当完成了系统原型的建造后，评价工作就必须随之进行，同时利用评价结果去改进系统；当系统全部完成，准备投入实际运行前，还应该对整个系统做最后的评价。

第六章　人工智能应用技术

第一节　AI图像技术

一、图像技术应用场景——视课智慧课堂系统

人工智能赋能教学管理，以"人工智能+"的思维方式和大数据、云计算等新一代信息技术打造的智能、高效的课堂。有助于教师及时了解学生的课前、课中和课后三个环节的状态，比如到课时间、到课率、课堂表现、内容接受程度等，有利于教师进行学情分析、预习测评、教学设计等。

利用人工智能技术分析和改进学习行为、变革传统课堂已成为一种必然趋势。视课智慧课堂系统是一套智能化教室系统，主要包括人脸识别摄像机、人脸抓拍、特征对比和人脸资料库。

每个教室中都有人脸识别摄像机可以进行人脸抓拍，摄像机安装在教室前方的左上角或右上角，高度大于3米，一般比人的身高更高一些，摄像头的安装角度向下倾斜20°~45°，利用摄像头的自动聚焦功能来调整以获得清晰、大小合适的画面，方便抓取学生的到课情况、上课状态、课余状态等信息。

人脸是刚性的生物特征识别，每个人有不同的特征，采集人脸数据不需要人为主动的配合，非接触式、用户友好，无须摆拍等，人脸动态识别在用户无感知情况下完成认证。视课智慧课堂系统可实现多脸识别并集中管理，可对师生的情况进行有效的管理。系统将采集的图像传送至人脸库进行特征对比，对比成功则显示该学生到深。若人脸库中某名学生的图像没有被匹配，则表明该学生没有到课。

视课智慧课堂系统有教务管理、课表管理、考勤分析、历史记录和设备管理模块。教务管理模块有助于教务人员统计包含学期学年管理、教室信息、学生信

息、教师信息、班级信息、课程信息和课程节次。考勤模块中的班级考勤节约了传统课堂教师点名的时间，视课智慧课堂系统可以实时统计学生的情况，包含班级人数、时间、上课教室、任课教师的上课情况表。

传统的考勤方法，一般有走班制考勤、卡式考勤、宿舍考勤。这些考勤方式统计考勤难度大，给学生考勤带来很大的挑战。比如卡式考勤，存在替打卡、忘带卡、卡丢失等各种不便，异常处理费时费力、降低工作效率，给教师增加工作量。而宿舍考勤制度会给学生宿舍管理人员造成很大的困难，并且很难了解学生晚归、早归、不归和外人私自停留等情况，无法避免外来人员混入宿舍的情况，存在安全隐患。

人工智能校园管理系统是利用计算机、物联网、RFID 射频识别与无线通信技术，打造校园安全、校园支付、家校沟通、信息采集四大数字化校园专家，可以方便快速地了解学生的日常情况，实时反馈学生状态、考勤、上课、考试、作业、体检、消费等信息。学校可以通过以上信息管控学生日常行为和安全，及时对问题学生进行心理干预。

通过视课智慧课堂系统获得的数据，综合分析学生的成绩、课堂表现、性格和爱好，调整教学策略，开展适合学生发展的教学模式，让教育更懂学生，及时提高学生的创新思维能力、沟通能力和动手能力，培养新一代人工智能人才，提高学生的综合素养。

二、计算机视觉

（一）计算机视觉概述

广义上计算机视觉就是"赋予机器视觉感知能力"的学科，用视觉传感器代替人眼、中央处理器（CPU）代替大脑对目标进行检测、识别、跟踪和测量，经过设备处理后，可以输出清晰的分类信息或解释信息。

计算机视觉既是工程领域也是科学领域中一项重要的研究。从工程的角度来看，它寻求自动化人类视觉系统可以完成的任务。计算机视觉的研究就是给机器赋能的过程，模拟一系列的人类的感知和认知能力。让机器人能够识别物体并给出定位信息，可以获得丰富的环境信息，以此来辅助机器完成人类日常任务。

计算机视觉涉及计算机科学与技术、软件工程、信号处理、物理学、应用数学、统计学、神经生物学和认知科学等学科。随着近年来计算机软硬件的快速发展，计算机视觉研究吸引了各个学科的研究者参与其中，计算机视觉系统也充分融合了这些学科的知识。物理学中的电磁波遇到物体表面可被反射形成图像，以及视频是可用流体运动技术表示，因此计算机视觉可看作物理学的拓展。

神经生物学尤其是其中生物视觉系统的部分，眼睛、虹膜、神经元，以及与视觉刺激相关的脑部组织都进行了广泛研究，这些研究得出了一些有关"天然的"视觉系统如何运作的描述，同时计算机视觉领域中，深度学习方法就是模拟人类的神经系统，让机器可以自己学习并提升性能。

随着互联网和物联网的快速发展，计算机硬件性能的提高，深度学习算法的深入研究，能收集到庞大的数据量助推计算机视觉向更加复杂的领域前进，目前，计算机视觉研究的问题趋向于非线性的问题，比如图像描述、场景理解、事件推理等，从对单幅图像或视频的研究转变为对复杂图像的理解，这样的理解可能包括自然语言翻译、语义解析、场景理解、逻辑推理和预测等趋向于多学科的融合创新。

计算机视觉的研究目标是使计算机具备人类视觉器官的能力，可以观察和理解世界，能看懂图像内容、理解动态场景，具备自适应能力。期望计算机能自动提取图像、视频等视觉数据中蕴含的层次化语义概念及多语义概念间的时空关联等。

（二）计算机视觉处理

计算机如何感知外部世界呢？计算机通过工业相机、摄像机、扫描仪等设备获得各种环境下的图片或视频，每幅图片在计算机内存中以二维数组的方式参与计算，数组的元素代表像素值的大小。该数组的基本单元称为像素，每个像素的颜色、亮度或距离等属性在计算机内存中可以用一个数字表示，通过算法可以很轻松地对这些像素进行处理。

①由于采集设备获取的图像，场景因素不可控，不需要人为主动地配合图像采集设备。比如监控系统，在任何允许的场景下实时录像，形形色色的行人，穿着打扮不一、有没有戴墨镜口罩等遮挡物，因此获得的图像数据一般特别复杂。

为了更好地处理这些数据在图像传入计算机系统时，首先要对图像做简单的预处理，比如图像的尺寸、颜色、光照、噪点，可以采用直方图均衡化、灰度拉伸、中值滤波等技术进行图像增强、图像复原、图像压缩等，经过预处理的图像，细节更加鲜明，特点更加突出，并且去除了图像中的一些不相关的信息，降低了存储空间，为后续特征提取、匹配、检测和识别过程提高可靠性、稳定性。

②图像预处理是一幅图像到图像的过程，通过处理操作可以改善图像的视觉效果，更加突出图像中感兴趣的目标，有利于对目标进行检测和测量，对图像进行压缩编码，可以减少存储空间、缩短传输时间，降低对传输通道的要求。

数字图像预处理中改善视觉效果的常用方法有图像增强和图像复原技术。图像增强技术针对图像的应用场合，有意地突出我们感兴趣的区域，如强化图像高频分量，可使图像中物体轮廓清晰，细节明显；如强化低频分量可减少图像中噪声影响比，增强前景中人物形象的显示区域，抑制不感兴趣的特征，从而增强图像的判读和识别效果，增加在特定环境下获取必要信息量，适合计算机分析处理。

图像在获取、传输、保存的过程中，由于各种因素的干扰，如摄像机设备中光学系统的衍射、成像系统中存在的噪声干扰、传感器特性、成像设备与物体之间的相对运动、感光胶圈的非线性及胶片颗粒噪声、成像设备质量问题等；在存储过程中，纸质照片出现褪色现象；传输过程中噪声、传输设备等因素。可能造成图像失真、变形、质量下降。为了解决这种现象，可以用图像复原技术。图像复原是一个估计过程，不同的图像借助不同的图像复原模型来改善视觉效果。常用的图像复原模型有噪声模型、集合模型、一维离散退化模型和二维离散退化模型等。

③特征是不同对象相互区别的特点或特性，或者是不同对象共有的特点或特性的集合，是通过测量或处理能够抽取的数据。特征选择和提取是深度学习的基础，经过预处理的图像，特征鲜明，有利于特征提取。图像的特征一般是能直观地感受到的自然特征，比如，角点、边缘、灰度、线条纹理的交叉点、T形交会点等。还有些特征需要通过变换或处理得到，如直方图、主成分等。特征选择和提取的基本任务是如何从众多特征中找出有效的特征，图像特征提取决定特征的分类，特征提取的结果是把图像上的点分为不同的子集，这些子集的信息往往是互相孤立的。

④图像检测是检测一幅图像中的信息是否有我们感兴趣的部分，确定这些目标对象的语义类别，并通过某种方法在图像中标注出位置。

⑤图像识别是在人工智能时代使用最广泛的技术，利用计算机对采集到的图像进行处理、分析和理解，可以针对目标进行识别，每个目标物体都有不同的特征，应用训练好的模型，可以快速找出视频流中的相似物体。这里的相似性一般指局部相似性，也就是根据需要设计某种图像匹配算法判断两幅图像是不是对同一物体或场景所成的图像，理想的图像识别模型应该是针对同一物体在不同场景中的相似度特别高，认为是同一物体；否则相似度很低，认为是不同物体。

三、图像处理

图像是表达信息、思想沟通的重要载体，能够包含丰富的信息，是自然景物的客观反映。生活中80%的信息来自人的视觉接收的图像，图像是人类感知世界的视觉基础，是人类获取信息、表达信息和传递信息的重要手段。如果想用语言和文字清晰准确地描述一幅场景，显然是不可能的，正所谓"百闻不如一见"。

图像可分为模拟图像和数字图像。是连续的、三维的，模拟图像是光辐射能量作用在客观物体上，经过反射、折射和自然界中光的作用产生的，通过物理量的强弱变化来表现。而数字图像则是模拟图像经计算机离散化或数字化得到的。那么计算机中的图像是如何表示的呢？数字图像伴随着计算机应运而生，数字图像是数字图像处理和分析的对象，因此根据图像记录方式的不同可分为两大类模拟图像和数字图像，数字图像是模拟图像经过离散化或数字化得到的。

（一）图像数字化

一般的照片、图纸、印刷品图像等原始信息都是连续的模拟图像，模拟信息在二维坐标系中是连续变化的，模拟图像依赖色彩体系或颜色媒体。数字图像则完全用数字的形式来表示图像上各个点的颜色信息。一幅静态图像可用一个二维数组 $f(x, y)$ 描述，(x, y) 表示二维图像空间中的一个坐标点，f 表示该点形成的某种性质的关系。比如，彩色图像可以用 (x, y, t) 表示，t 代表通道数。数字图像要用具体的颜色媒体才能显示和表现，即数字图像最终还是要通过模拟图像来表现。数字图像可以长时间保存而不会失真。另外，数字图像是离散的，在颜色浓淡变化方面是连续的。

数字图像是图像在计算机中的描述，是离散的状态。数字图像实际上是由许多基本的图像单元组成，基本单位是像素，像素具有颜色能力，可以用 bit（位）来度量，像素是正方形的，像素的大小取决于组成整幅图像像素的多少。图像的分辨率是指图像单位面积内的像素数，分辨率越高，图像越清晰。

计算机内存是按字节进行编码和寻址的，图像在计算机中是用像素值表示的。图像经过采样、量化、压缩转化为数字图像，每一幅图像都有相应的宽和高，分别代表这幅图像的列数和行数，例如，一张宽度为 521px、高度为 521px 分辨率的灰度图。

图像经过数字化后在计算机中以数组的形式表示，因此针对数组可以使用代数运算和逻辑运算。图像的代数运算是指两幅或多幅图像对应像素的加减乘除运算和一般的线性运算，图像的代数运算大多用于图像的预处理，比如，两幅相邻帧的图像相减可以判断目标物体的运动情况。

图像的代数运算是图像像素间的运算，设 $A(x, y)$，$B(x, y)$ 分别表示两幅原始图像，$C(x, y)$ 表示计算后的图像，对于每个像素可以有以下运算：

$$C(x, y) = A(x, y) + B(x, y) \tag{6-1}$$

$$C(x, y) = A(x, y) - B(x, y) \tag{6-2}$$

$$C(x, y) = A(x, y) \times B(x, y) \tag{6-3}$$

$$C(x, y) = A(x, y) \div B(x, y) \tag{6-4}$$

图像的逻辑运算包括与运算、或运算、求反运算、求异或运算。

①图像与运算。若两个图像数组中对应的操作数都为真，逻辑与运算结果为真，其余情况均为假。

②图像或运算。若两个图像数组中对应的操作数都为假，逻辑或运算结果为假，其余情况为真。

③图像求反运算。求反运算是针对某一幅图像数组元素，操作数为真求反结果为假，其他求反结果为真。图像的求反运算主要针对二值图像，像素值为 0~255，求反的结果是 255 减去这个像素值，广泛应用在求取图像的阴影图像和求取图像的补图像。

④图像求异或运算。若两个图像数组中对应的操作数逻辑上不同，异或运算

结果为真，相同为假。图像异或运算主要应用于二值图像，当两幅二值图像在对应位置的灰度值均为 1 或者均为 0 时，相异或的结果就是该像素位置的值为 0，其余情况为 1。

图像的几何变化是在图像大小、形状和位置上的改变，可以纠正因拍摄、传输、存储过程中造成的图像畸变。

图像的大小改变一般通过图像比例缩放，就是将给定图像在 x 轴和 y 轴方向按照比例缩放，当 x 轴和 y 轴按照相同比例缩放，就是全比例缩放；当 x 轴和 y 轴按照不同比例缩放时，图像中像素的相对位置会发生畸变。图像缩小是对信息的一种简化，图像放大则需要为增加的像素填入适当的像素值，这个像素值是通过某种算法进行估计。

图像的位置变换是将图像进行旋转、平移、镜像变换，将图像沿水平或垂直方向移动位置，变为新的图像。

图像旋转是指图像以某一点为中心旋转一定的角度，图像旋转后如果要保持原有的尺寸，就要进行裁切，会裁掉部分图像的内容。或者扩大画布将旋转后的图像平移到新画布上，可以避免信息的丢失。图像旋转时旋转方向是任意的，而相邻像素之间只有 8 个方向，因此经过旋转后的图像会打乱原有像素之间的关系。

（二）颜色空间

颜色空间通常用三个分量属性来描述，三个属性代表三个维度，可以构成一个空间立体坐标。不同的颜色空间可以用不同的角度属性去衡量，按照基本结构可以分为基色颜色空间（RGB）和亮色分离颜色空间（CMYK、HIS 和 HSV 等）。

RGB 色彩模式（红绿蓝）是依据人眼识别的颜色定义出的空间，几乎包括了人类视觉能感知的所有颜色，是日前运用最广的颜色模型之一。R、G、B 是三原色组成的色彩模式，图像中的色彩都是三原色组合而来的。三原色中的每个基色都包含 256 级色度，三个基色合在一起可以表示完整的颜色空间。RGB 是工业界的一种颜色标准，几乎所有的设备和显示设备都采用 RGB 模型，但在科学研究中一般不采用 RGB 颜色空间，因为它的细节难以进行数字化的调整。

RGB 颜色模型在空间中用坐标轴 R、G、B 表示。RGB 颜色空间是一个正方体，原点对应黑色，与原点的体对角是白色，从黑到白的分布在这条体对角线上。三个轴代表 R、G、B 颜色，坐标表示 (1, 0, 0)，(0, 1, 0)，(0, 0, 1)。

RGB 颜色模型是通过对红 （R）、绿 （G）、蓝 （B） 三个颜色通道的变化以及它们之间的相互混合或叠加来得到不同的颜色，当三个分量的颜色都为 0 时混合成为黑色；当三个分量都为 255 时混合成为白色。在计算机中 RGB 每一个分量值用 8 位 （bit） 表示，可以产生 256×256×256 = 16 777 216 种颜色，这就是所说的 "24 位真彩色"。RGB 模型将色调、亮度、饱和度三个量放在一起表示，很难分开。它是最通用的面向硬件的彩色模型。该模型用于彩色监视器和一大类彩色视频摄像。

CMYK 是指青色 （Cyan）、品红 （Magenta）、黄色 （Yellow）、黑色 （Black），是工业印刷采用的颜色空间，具体应用如打印机：一般采用四色墨盒，即 CMY 加黑色墨盒。它与 RGB 对应，是基于颜色减法混色原理模型，CMYK 颜色空间的颜色值与 RGB 颜色空间中的取值可以通过线性变换相转换。RGB 来源于物体发光，而 CMYK 是依据反射光得到的。CMYK 描述的是青、品红、黄和黑四种油墨的数值。

HSV 颜色空间是为了更好地数字化处理颜色而提出来的。模型中颜色的参数分别是：色调 （H：Hue）、饱和度 （S：Saturation）、亮度 （V：Value）。

HSV 是一种将 RGB 色彩空间中的点在倒圆锥体中的表示方法。色调是色彩的基本属性，如红色、黄色等。饱和度 （S） 是指色彩的纯度，越高色彩越纯，低则逐渐变灰，取 0~100% 的数值。亮度 （V），取 0~max （计算机中 HSV 取值范围和存储的长度有关）。

Lab 颜色空间用于计算机色调调整和彩色校正。它独立于设备的彩色模型实现。这一方法用来把设备映射到模型及模型本色的彩色分布质量变化。

Lab 颜色空间是由 CIE （国际照明委员会） 制定的一种色彩模式。自然界中任何一种颜色都可以在 Lab 空间中表现出来，它的色彩空间大于 RGB 空间。另外，这种模式是以数字化方式来描述人的视觉感应与设备无关，所以它弥补了 RGB 和 CMYK 模式必须依赖设备色彩特性的不足。由于 Lab 的色彩空间要比 RGB 模式和 CMYK 模式的色彩空间大，这就意味着 RGB 和 CMYK 所能描述的色彩信息在 Lab 空间中都能得以映射。

RGB 颜色空间俗称真彩，RGB 即色光三原色，主要用于彩色视频显示和采集。RGB 可显示出丰富的颜色，但若将亮度（明度）、色调（色相）和饱和度（纯度）三个量放在一起表示，则难以进行数字化的调整。

YUV 颜色空间中的 Y 表示亮度，U、V 表示色度（色调和饱和度）。YUV 主要用于优化彩色视频信号的传输，解决彩色电视机与黑白电视机的兼容问题。如果只有 Y 信号分量而没有 U、V 分量，此时表示的图像就是黑白灰度图像，那 Y 信号就跟黑白电视信号相同。

CMY 颜色空间俗称相减色，CMY 即颜料三原色，是印刷行业采用的颜色空间，常用于彩色打印。由于彩色墨水和颜料的化学特性，用青、品红、黄三色得到的黑色不是纯黑色，因此在实际印刷时常常加一种真正的黑色，这种模型称为CMYK 模型。

颜色空间用于表示颜色，有了颜色空间人们就可以将颜色存储为数据，也可以将数据再还原为相应的颜色。

（三）图像类型和图像格式

数字化图像按存储方式分为位图存储和矢量存储，不同的文件格式，其压缩技术、存储容量及色彩表现都不同，在使用中也有所差异。

位图图像又称点阵图像或栅格图像，是由带有颜色的像素点构成的，每个像素具有颜色属性和位置属性。适用于逼真照片或细节要求高的图像，但其所占用的磁盘空间会随着分辨率和颜色数的提高不断增大。在放大图像的过程中，可以看见构成整幅图像的是无数个方块，每个方块是一个像素，每一个像素是单独的颜色，当再极限放大的时候，看到颜色是不连续的方块组成，但是远距离观看图像的颜色和形状又是连续的。扩大位图尺寸的效果是增大单个像素，从而使线条和形状显得参差不齐。用数码相机拍摄的照片、扫描仪扫描的图片及计算机截屏图等都属于位图。RGB、CMYK 和 BMP 属于位图图像格式，常见的位图处理软件有 Photoshop、Lightroom等。

矢量图是根据几何特性来描绘图形，它是由一系列的点连接在一起组成的线。矢量图的特点是无限放大不会失真，不会出现马赛克的样子。矢量图只能靠软件生成，文件占用内存空间较小。矢量文件适用于图形设计、文字设计、标志设计和工业设计等。常见的矢量图设计软件有 CorelDrAW（CDr）、Illustrator（AI）、CAD 等。

常见的位图图像格式有 JPEG、BMP、PNG、GIF 等，不同格式的图像在质量、清晰度、信息的完整性等方面有不同的特点，所需要的存储空间也有很大差异。同一幅图像可以用不同的格式存储，但不同存储格式之间由于采用的技术不同，最好不要直接修改，可以借助工具转换。

JPEG 格式是最为常见的图像文件格式，采用这种方式存储能够去除冗余的数据信息，将图像压缩在很小的储存空间，但是图像中重复或不重要的资料会丢失，容易造成图像数据的损伤，压缩后的图像再恢复质量明显降低。但是目前 JPEG 压缩技术十分先进，在获得极高的压缩率的同时能展现丰富多彩的图像，JPEG 适用于网络传输，可减少图像的传输时间，而且 JPEG 是一种很灵活的格式，具有调节图像质量的功能，因此，JPEG 格式是目前网络和彩色印刷最为流行的图像格式。

GIF 图像文件格式可以存多幅彩色图像，这些彩色图像保存在一个 GIF 中逐帧读出并显示在屏幕上，就可构成一幅简单的动画。GIF 图像需要的存储空间小，适用于多种系统。互联网上的很多简短动画，都是用 GIF 文件制作。因其占用空间小，传输速度比其他格式的图像文件快很多，所以广泛用于网站的徽标、广告条及网页背景图像。

BMP 是一种与硬件设备无关的图像文件格式。BMP 格式的图像信息较丰富，占用的磁盘空间较大，因此很少在网页中使用。由于 BMP 文件格式是 Windows 环境中交换与图有关的数据的一种标准，因此在 Windows 环境中运行的图形图像软件都支持 BMP 图像格式。BMP 图像格式也是最稳定的图像格式，所以被出版行业广泛使用。

PNG 的原名称为"可移植性网络图像"，PNG 能够提供长度比 GIF 小 30% 的无损压缩图像文件。它同时提供 24 位和 48 位真彩色图像支持及其他诸多技术性支持。

四、数字媒体

数字媒体是计算机技术和数字信息技术的结合，一般指多媒体技术、计算机技术、通信技术、网络技术、流媒体技术、存储技术、显示技术等。数字媒体使计算机具有综合处理声音、文字、图像、视频的能力，能够同时采集、获取、处理、编辑、存储、安全加载和输出信息并提供交互式处理，使多种信息可以相互建立联系。数字媒体是现代发展最迅速的综合性电子信息技术，通过声音、文字、图像等信息，使人机交互界面更加友好，改变了人们使用计算机的方式、方法，给人们的工作、生活和娱乐带来了显著的变化。

（一）数字音频

声音是通过一定的介质，如空气、水等传播的一种连续振动的波。声音有三个重要的指标：振幅、周期和频率。

振幅是声波高低的幅度，表示声音的强弱程度，振幅越大，声音越强；反之越弱。周期指两个相邻波之间的时间长度，音色的特性体现在波形上。频率指声波每秒振动的次数，以 Hz 为单位，即每秒钟波峰所发生的数目，音调的高低体现在声音的频率上。频率低于 20Hz 的称为次声波，频率高于 20kHz 的称为超声波。人耳感觉不到次声波和超声波，只能感觉到频率在 20~20kHz 的声波。

两个人之间的对话的语音信号是典型的连续信号，不仅在时间上是连续的，而且在幅度上也是连续的，这种连续信号就是常见的模拟声音信号。

数字音频是一种利用数字化手段对声音进行录制、编辑、压缩、存储和播放的技术，它是随着数字信号处理技术、计算机技术、多媒体技术的发展而形成的一种全新的声音处理手段，数据信号和模拟信号可以互相转换。

传统的模拟信号是典型的连续信号，模拟信号在处理过程中存在抗干扰能力差，容易受到机械振动、模拟电路的影响产生失真，因此在远距离传输中受环境影响较大。而数字信号是以数字化形式对模拟信号进行处理，在时间和幅度上是离散的，即在特定的时刻对模拟信号采样，每个采样点之间不是连续的，采样得到的幅值的数目是有限个信号称为离散幅度信号。

我们把在时间和幅度上连续的模拟信号通过采样、量化、编码的方式转换为数字信号，称为信号的数字化。

采样即采集声音样本，每隔一定时间在模拟声音波形上取一个幅度值，该时间间隔称为采样周期。收线和波形相交的一系列的点就是采样点，竖线端点的值表示这个时刻声音波形的值，把这些值记录并保存下来，其他的波形值被舍弃。通过采样可以把时间上连续的信号变成离散的信号值，采样频率越高，采样间隔越短，在单位时间内得到的样本越多，表示越精确。

奈奎斯特定理即采样定理：采样频率不低于声音信号最高频率的两倍，用以将数字表达的声音还原成原来的声音。只要满足奈奎斯特定理的条件，信号的数字化就没有损失原信号的信息。

量化是对幅值进行离散化，声音波形经过采样后得到的无穷多个离散的数值，将这些值用二进制数字表示，写成计算机传输和存储的格式。在一个幅度范围内的电压用一个二进制数字表示。

计算机内存中的数据存储形式是 0、1。因此音频信号要在计算机中存储，也必须转换为数字信号，即可以将电平信号转换为二进制数据 101101 保存，这就是模拟信号量化的过程。计算机是按字节存储的，一般按 8 位、16 位、32 位量化，量化的大小就是记录每次采样数值的位数，量化的数值越大，记录的声音变化程度就越细腻，所需的数据量也越大。

在播放的时候把这些数字信号转换为模拟的电平信号，信号转换是通过计算机中的声卡完成的，然后由播放器传出声音。数字声音相比存储播放方式（如磁带、广播、电视）有着本质区别，它方便存储和管理，存储和传输的过程中没有声音的失真，编辑和处理也非常方便，常用的音频编辑处理软件有 Cooledit、Audition、Goldwave 等。将这些文件输入进计算机，转换成数字文件后可以进行编辑处理。

音频格式是指要在计算机内播放或是处理音频文件，是对声音文件进行数/模转换的过程。常见的数/音频格式有很多，每种格式都有自己的优点、缺点及适用范围。

1. CD 格式

CD 音轨文件的后缀名是 cda。标准 CD 格式是 44.1K 的采样频率，速率 88K/秒，16 位量化位数，近似无损。CD 光盘可以在 CD 唱机中播放，也能用电脑里的各种播放软件来播放。一个 CD 音频文件是一个 *.cda 文件，这只是一个索引信息，并不是真正的声音信息，所以不论 CD 音乐的间断，在电脑上看到的 *.cda 文件都是 44 字节长。

2. WAV 格式

WAV 是微软公司开发的一种声音文件格式。标准格式化的 WAV 文件和 CD 格式一样，也是 44.1K 的采样频率，16 位量化位数，声音文件质量和 CD 相差无几，音质非常好，被大量软件所支持，适用于多媒体开发、保存音乐和原始音效素材。

3. MP3 格式

MP3 是一种数字音频编码和有损压缩格式，是 ISO 标准 MPEG-1 和 MPEG-2 第三层（Layer3），采样率 16~48kHz，编码速率 8K~1.5Mb/s。音质好、压缩比高，被大量软件和硬件支持，应用广泛，适用于一般的及比较高要求的音乐欣赏。

4. MIDI 格式

MIDI 乐器数字接口，MIDI 数据不是数字的音频波形，而是音乐代码或称电子乐谱。MID 文件每存 1 分钟的音乐只用 5~10KB。MID 文件主要用于原始乐器作品，流行歌曲的业余表演，游戏音轨及电子贺卡等。*.mid 文件重放的效果取决于声卡的转换能力。

5. WMA 格式

WMA（Windows Media Audio）由微软开发。音质要强于 MP3 和 RA 格式，它以减少数据流量但保持音质的方法来达到比 MP3 压缩率更高的目的，WMA 的压缩率一般都可以达到 1∶18 左右。WMA 可以内置版权保护技术，用以限制播放时间和播放次数，甚至于播放的机器等。

6. RA 格式

RealAudio（RA）是 RealNetwork 公司推出的一种流式声音格式，主要用于在线音乐欣赏，特点是可以随网络带宽的不同而改变声音的质量，在保证流畅声音的前提下，带宽较大的用户可以获得更好的音质。

7. APE 格式

APE 是目前流行的数字音乐文件格式之一。APE 是一种无损压缩音频技术，可以提供 50%~70% 的压缩比，APE 格式的文件大小只有 CD 的一半，可以节省大量的资源。APE 可以做到真正的无损，压缩比也要比类似的无损格式要好，适用于高品质的音乐欣赏及收藏等。

（二）数字视频

视频广义上是系列图像按时间顺序的连续展示。模拟视频是连续的模拟信号组成的图像序列，每一帧图像都是实时获取的自然景物的真实反映，像电影、电视都属于模拟视频的范畴。模拟视频信号具有成本低和还原性好等优点，但模拟视频信号经过长时间的保存或多次复制、转发后，信号和画面的质量会降低，画面失真比较明显。

数字视频是基于数字技术和拓展的图像显示标准的视频信息，数字视频以一定的速率对模拟视频信号进行捕获、处理，在长期存储或多次复制、转发后不会失真，而且用户还可以用视频编辑软件对数字视频进行编辑，并可添加各种特效。但是数字视频占用的存储空间较大，一般需要压缩。

数字视频是一系列离散的数字图像序列，模拟信号经过处理转换为二进制数，即转换为数字信号。视频中单幅画面称为一帧，视频中的每一帧是差别细微的画面，以一定的速率连续放映出来产生运动视觉的技术，是依据视觉暂留特性，连续的静态画面产生运动。要使人的视觉产生连续的动态感觉，每秒钟图像的播放帧数要在 24~30（帧频）。

1. 数字电视

区分一台电视机是模拟电视机还是数字电视机，取决于它们接受的信源，即电视发射信号台是用什么样的方式传送信号的，若采用模拟信号方式发送信息，那么这就是模拟电视机，否则是数字电视机。数字电视和模拟电视可实现传输信道的兼容，因此在同一频道上可同时传输模拟电视信号和数字电视信号，并可实现互不产生干扰和影响。

为了更好地接收数字信号，现在的电视都配备有机顶盒，全称叫作"数字电视机顶盒"，英文缩写"STB"（Set-Top-Box）。机顶盒是扩展电视功能的电子装置，是将数字电视信号转换为模拟电视信号的转换设备。数字电视机顶盒可以使模拟电视机接收数字电视节目和实现上网功能，通过机顶盒接收的信号，图像会更加清晰、音质会更加悦耳，避免了信号在传输过程中导致的干扰和损耗。

根据传输媒介的不同将机顶盒分为数字卫星机顶盒（DVB-S）、有线电视数字机顶盒（DVB-C）、地面波机顶盒（DVB-T）和 IP 机顶盒，这几类机顶盒主要区别是调节部分，后端原理实现部分基本一样。

数字电视的机顶盒包括网络接口模块（NIM）、信源数据传输流解复用器、条件接收模块、音视频解码器和后处理、嵌入式 CPU 与存储器模块和接口电路几大部分。

①网络接口模块（NIM）。网络接口模块完成信道解调和信道解码功能，属于硬件驱动层，送出包含视音频和其他数据信息的传输流（TS）。

②信源数据传输流解复用器。当数据完成信道解码以后，首先要复用，把传输流分成音频、视频。传送流中一般包含多个音、视频流及一些数据信息，传输流解复用器用来区分不同的节目，提取相应的音、视频流和数据流，送入音、视频解码器和相应的解析软件。

③音、视频解码器和后处理。模拟信号数字化后，信息量激增，必须进行数据压缩，数字电视广播采用 MPEG-2 压缩标准，适用多种清晰度图像质量。MPEG-2 解码器完成对音、视频信号的解压缩，经视频编码器和音频 D/A 变换，还原出模拟音、视频信号，在模拟电视机上显示高质量图像，并提供多声道立体声节目。音、频数据压缩有 AC-3 和 MPEG-2 两种标准。

④嵌入式 CPU 与存储器模块和接口电路。嵌入式 CPU 是数字电视机顶盒的心脏，它和存储器模块用来存储和运行软件系统，并对各个硬件模块进行控制，是嵌入式实时多任务操作系统，系统结构紧凑，资源开销小，便于固化在存储器中。并采用含有识别用户和记忆功能的智能卡，适用于高速网络和三维游戏，保证合法用户正常使用。提供丰富的外部接口电路，包括通用串行接口 USB，以太网接口及 RS232，模拟、数字视音频接口，数据接口等。

2. 运动原理

运动是视频的重要特征，识别三维空间中的物体运动很简单，但是在计算机中视频的帧是如何描述运动特征的呢？

光流是空间运动物体在观察成像平面上像素运动的瞬时速度和方向特征。光流法是利用图像序列中像素在时间域上的变化，以及相邻帧之间的相关性，来找到上一帧跟当前帧之间存在的对应关系，从而计算出相邻帧之间物体的运动信息的一种方法。

光流直方图可以进一步地分析运动的特征，光流直方图对视频中的光流信息进行统计，从而得到视频中物体的运动信息，便于计算机对视频信息行为进行分析计算。

光流场是一个二维的矢量场，它反映了图像上每一点灰度特征的变化趋势，为了便于统计，我们把二维坐标系划分为 8 个相等的扇区，每个扇区涵盖 45°。将光流场的一个时空单元内的所有像素点处的光流向量根据大小和方向画在上述坐标系中。

光流在每个像素上有两个分量，分别代表水平方向和垂直方向。把所有像素的水平位移取出来，可以得到水平方向上的光流图，同理可以得到垂直方向上的光流图。结合深度学习，水平和垂直方向的光流图作为卷积神经网络的输入，就可以提取出视频中的运动特征。

（三）影视制作

影视制作是数字媒体技术的重要组成部分，是计算机科学与技术和设计艺术相结合的新型学科。数字媒体的发展和应用从根本上改变了影视作品的质量和特性，也使影视制作平台发生了巨大变化。该学科涉及艺术设计、交互设计、数字图像处理技术、计算机语音、计算机图形学、信息与通信技术等方面的知识。

数字媒体的普及和应用，使得影视镜头中的场景可以由无数个独立的影视元素组成，编辑人员可以独立拾取、记录和处理这些元素，从而拓宽了编辑人员的想象和创作空间，可以根据实际需求进行不同的特效处理，这些影视元素可以是图形、图像等静态元素，也可以是动画、录像、声音等动态元素。

1. 影视制作数字化

①影视制作的数字化、计算机化。制作设备高度集成，使得制作环节、制作工种相互融合。

②影视制作的程序数字化。影视剧本的制作计划可由专业的软件为剧作家提供详细的工作单，极大地减少未知因素。

③影视制作方法的数字化。用计算机可控的影视摄像机，实现精确控制、重复摄像机的移动轨迹，提高了画面拍摄、构图的艺术感，同时给影视

编辑提供了更大的创作空间,可以借助计算机进行数字影像特技制作和合成制作。计算机数字图形制作可实现实拍素材和三维动画合成,制作虚拟三维场景和效果。

④影视节目发行数字化。数字电视、网络互动电视、高清数字影院逐步成为数字影视发行的主渠道。

2. 影视后期制作

(1)素材文件

数字影视可以借助计算机进行信息的读取、处理和存储,剪辑的过程可以是非线性的,制作过程中的特效镜头可以通过模型制作、特殊摄影、光学合成等技术手段得到。

素材文件是通过采集工具采集的数字视频 AVI、MP3 文件,由 Adobe Premiere 或其他视频编辑软件生成的 AVI 和 MOV 文件、WAV 格式的音频数据文件、无伴音的动画 FLC 或 FLI 格式文件,以及各种格式的静态图像,包括 BMP、JPG、PCX、TIF 等。将这些素材文件输入计算机,转换成数字文件后可以进行编辑处理。

影视节目中合成的综合节目就是通过对基本素材文件的操作编辑完成的。

(2)进行素材的剪切

各种视频的原始素材片段可以称作一个剪辑,剪辑是指按照视听规律和影视语言的语法章法对原始素材进行选择和重新组合。在视频编辑时,可以选取一个剪辑中的一部分或全部作为有用素材导入最终要生成的视频序列中。

剪辑主要是操作层面,主导着整幅影片的叙述时间、连贯动作、转换场景、结构段落、时空声画的组合,是后期编辑的核心阶段。剪辑的选择由切入点和切出点定义,切入点指在最终的视频序列中实际插入该段剪辑的首帧,切出点为末帧,也就是说切入和切出点之间的所有帧均为需要编辑的素材,使素材中的瑕疵降低到最少。

(3)影视画面编辑

运用视频编辑软件中的各种剪切编辑功能进行各个片段的编辑、剪切等操作,完成编辑的整体任务,目的是将画面的流程设计得更加通顺合理、时间表现形式更加流畅。

影视剪辑和编辑是对影视作品的一个再塑造、再创作过程，影视镜头的组合不是简单地拼接在一起，而是根据影视作品要达到的效果，精心筛选和对比，在意境和情感上全面深刻地把握作者的意图。

看电影时由一个画面顺着剧情的发展切换到另一个时间和地点，然后又切换回来，这种表现方式采用了蒙太奇方法。蒙太奇不仅是影像语言的修辞手法，也是影像艺术的结构原则。蒙太奇作为一种影视结构法则能对影视语言的诸多元素实施整合，作为一种思维方式，能对生活素材实行分解与选择，形成镜头；作为一种组接法则，通过剪辑形成一部完整的影视作品。

（4）添加特效

影视特效在数字影视技术中起到非常重要的作用，可以借助各种非线性软件，比如 Houdini、MAYA、3Dark、AE 等，根据影视作品需求添加各种过渡特效或者科幻特效，使画面的排以及画面的效果更加符合人眼的观察规律、符合作品的设计效果。影视特效突破了传统影视制作的局限性，能够降低拍摄的难度，缩短拍摄的时间。很多广告、电影、电视中都有特效的加入。

（5）添加字幕

电视节目、新闻或者采访的视频片段中，必须添加字幕，以便更明确地表示画面的内容，使人物说话的内容更加清晰。在人工智能时代已经有实时的机器翻译字幕应用。

（6）处理声音效果

在片段的下方进行声音的编辑（在声道线上），可以调节左右声道或者调节声音的高低、渐近、淡入淡出等效果。这项工作可以减轻编辑者的负担，减少使用其他音频编辑软件的麻烦，并且制作效果也相当不错。

（7）生成视频文件

对编辑窗口中编排好的各种剪辑和过渡效果等进行最后生成结果的处理称为编译，经过编译才能生成为一个最终视频文件，最后编译生成的视频文件可以自动地放置在一个剪辑窗口中进行控制播放。

在这一步骤生成的视频文件不仅可以在编辑机上播放，还可以在任何装有播放器的机器上操作观看，生成的视频格式一般为 . avi。

第二节　自然语言处理

一、自然语言处理概述

(一) 自然语言处理的概念

自然语言处理 (Natural Language Processing，NLP) 是人工智能和语言学交叉领域下的分支学科。该领域主要探讨如何处理及运用自然语言、自然语言认知 (让计算机"懂"人类的语言)、自然语言生成系统 (将计算机数据转化为自然语言)，以及自然语言理解系统 (将自然语言转化为计算机程序更易于处理的形式)。

所谓"自然语言"，其实就是我们日常生活中使用的语言 (在这里还包括书面文字和语音视频等)，人们熟知的汉语、日语、韩语、英语、法语等语言都属于此范畴。至于"自然语言处理"，则是对自然语言进行数字化处理的一种技术，是通过语音文字等形式与计算机进行通信，从而实现"人机交互"的技术。

(二) 自然语言处理的学科领域

自然语言处理是一门多学科交叉的技术，其中包括语言学、计算机科学 (提供模型表示、算法设计、计算机实现)、数学 (数学模型)、心理学 (人类言语心理模型和理论)、哲学 (提供人类思维和语言的更深层次理论)、统计学 (提供样本数据的预测统计技术)、电子工程 (信息论基础和语言信号处理技术)、生物学 (人类言语行为机制理论)。

二、自然语言处理的难点

(一) 单词的边界界定

在口语中，词与词之间通常是连贯的，而界定字词边界通常使用的办法是取用能让给定的上下文最为通顺且在文法上无误的一种最佳组合。在书写上，汉语也没有词与词之间的边界。

（二）词义的消歧

许多字词不单只有一个意思，因而我们必须选出使句意最为通顺的解释。

（三）句法的模糊性

自然语言的文法通常是模棱两可的，针对一个句子通常可能会剖析出多棵剖析树，而我们必须依赖语意及前后文的信息才能选择一棵最为适合的剖析树。

（四）有瑕疵的或不规范的输入

例如，语音处理时遇到外国口音或地方口音，或者在文本的处理中处理拼写、语法或者光学字符识别的错误。

（五）语言行为与计划

句子常常并不只是字面上的意思。例如，"你能把盐递过来吗？"，一个好的回答应当是把盐递过去，在大多数上下文环境中，"能"将是糟糕的回答，虽说回答"不"或者"太远了我拿不到"也是可以接受的。再者，如果一门课程上一年没开设，对于提问"这门课程去年有多少学生没通过？"，回答"去年没开这门课"要比回答"没人没通过"好。

三、自然语言处理的应用

随着自然语言处理的蓬勃发展和深入研究，新的应用方向不断呈现出来。自然语言处理发展前景十分广阔，主要研究领域如下。

①文本方面：基于自然语言理解的智能搜索引擎和智能检索、智能机器翻译、自动摘要与文本综合、文本分类与文件整理、智能自动作文系统、自动判卷系统、信息过滤与垃圾邮件处理、文学研究与古文研究、语法校对、文本数据挖掘与智能决策、基于自然语言的计算机程序设计等。

②语音方面：机器同声传译、智能远程教学与答疑、语音控制、智能客户服务、机器聊天与智能参谋、智能交通信息服务、智能解说与体育新闻实时解说、

语音挖掘与多媒体挖掘、多媒体信息提取与文本转化、残疾人智能帮助系统等。

（一）文本方面

1. 搜索引擎

在搜索引擎中，我们常常使用词义消歧、指代消解、句法分析等自然语言处理技术，以便更好地为用户提供更加优质的服务。因为我们的搜索引擎不仅是为用户提供所寻找的答案，还要做好用户与实体世界的连接。搜索引擎最基本的模式就是自动化地聚合足够多的信息，对之进行解析、处理和组织，响应用户的搜索请求并找到对应结果再返回给用户。这里涉及的每一个环节，都需要用到自然语言处理技术。例如，日常生活中我们使用百度搜索"天气""××公交线路""火车票"等这样略显模糊的需求信息，一般情况下都会得到满意的搜索结果。自然语言处理技术在搜索引擎领域中有了更多的应用，才使得搜索引擎能够快速精准地返回给用户所要的搜索结果。当然，正是谷歌和百度这样 IT 巨头商业上的成功，才推进了自然语言处理技术的不断进步。

2. 推荐系统

推荐系统是一个个性化的邮件推荐系统，该系统首次提出了协同过滤的思想，利用用户的标注和行为信息对邮件进行重排序。推荐系统依赖的是数据、开放搜索中的应用算法、人机交互等环节的相互配合，其中使用了数据挖掘、信息检索和计算统计学等技术。我们使用推荐系统的目的是关联用户和一些信息，协助用户找到对其有价值的信息，且让这些信息能够尽快呈现在对其感兴趣的用户面前，从而实现精准推荐。推荐系统在音乐电影的推荐、电子商务产品推荐、个性化阅读、社交网络好友推荐等场景发挥着重要的作用。

3. 自动文本摘要

随着近年来文本信息的爆发式增长，人们每天能接触到海量的文本信息，如新闻、博客、聊天，报告、论文、微博等。从大量文本信息中提取重要的内容，已成为我们的一个迫切需求，而自动文本摘要则提供了一个高效的解决方案。自动文本摘要有非常多的应用场景，如自动报告生成、新闻标题生成、搜索结果预览等。此外，自动文本摘要也可以为下游任务提供支持。尽管对自动文本摘要有庞大的需求，这个领域的发展却比较缓慢。对计算机而言，生成摘要是一件很有挑战性的任务。从一份或多份文本生成一份合格摘要，要求计算机在阅读原文本后理解其内容，并根据轻重缓急对内容进行取舍，裁剪和拼接内容，最后生成流畅的短文本。因此，自动文本摘要需要依靠自然语言处理/理解的相关理论，是近年来的重要研究方向之一。

4. 文本分类

文本（以下基本不区分"文本"和"文档"两个词的含义）分类问题就是将一篇文档归入预先定义的几个类别中的一个或几个，而文本的自动分类则是使用计算机程序来实现这样的分类。目前真正大量使用文本分类技术的，仍是依据文章主题的分类，而据此构建最多的系统当数搜索引擎。文本分类有个重要前提：只能根据文章的文字内容进行分类，而不应借助诸如文件的编码格式、文章作者、发布日期等信息。而这些信息对网页来说常常是可用的，有时起到的作用还很巨大。因此纯粹的文本分类系统要想达到相当的分类效果，必须在本身的理论基础和技术含量上下功夫。

（二）语音方面

1. 机器同声传译

自美国成功做出第一个语音翻译系统以来，众多科研机构和包括微软、百度在内的公司都在进行 AI 翻译的研究。得益于人工神经网络的深入研究，这些年，AI 同传技术发展很快。但是，这仍然不是一项成熟的技术，AI 同传仍然有很多技术难题需要攻克。就目前 AI 同传技术水平而言，在某些简单的场景中，可以实现较准确的语言同步翻译，如问路。但是，在复杂、专业、严谨的场景中，AI 无法实现精准翻译，做到"信""达""雅"。对语义的理解不够，是目前 AI 同传尚未解决的一大难题。因此，目前 AI 同传无法高水平地替代人工翻译。

2. 聊天机器人

聊天机器人是指能通过聊天 App、聊天窗口或语音唤醒 App 进行交流的计算机程序，是被用来解决客户问题的智能数字化助手，其特点是成本低、高效且持续工作。例如，Siri、小娜等对话机器人就是一个应用场景。除此之外，聊天机器人在一些电商网站有着很实用的价值，可以充当客服角色，如京东客服 JIMI。有很多基本的问题，其实并不需要联系人工客服来解决。通过应用智能问答系统，可以排除掉大量的用户问题，比如，商品的质量投诉、商品的基本信息查询等程式化问题，在这些特定的场景中，特别是会被问到高度可预测的问题中，利用聊天机器人可以节省大量的人工成本。

3. 人工智能客服

人们不断更新技术、创新应用的最终目的，始终是希望能帮助客户更轻松快捷地处理问题。这也是通过人工智能可以大大改善的方面。数据表明，85% 的客户将人工智能 7×24 小时可用性看作实现积极客户体验的一种有用的能力。在经验复制方面，人工智能可以充分发挥优势，帮助客户解决其他类似客户曾经碰到过的问题，实现个性化交互。尽管在客户关怀领域，正确地使用人工智能是许多企业在未来几年将要面对的挑战，但这也是一种必然趋势：企业可以通过数字接口来实现卓越的运营，同时传递客户的亲密感。人工智能可以预测客户的需求，并在其能力范围内提供与这些期望相符的服务。

四、利用深度学习进行自然语言处理

（一）NLP 中的深度学习

在传统的机器学习中，由于特征是由人设计的，需要大量的人类专业知识，显然特征工程也存在一些瓶颈。同时，相关的浅层模型缺乏表示能力，因此缺乏形成可分解抽象级别的能力，这些抽象级别在形成观察到的语言数据时将自动分离复杂的因素。深度学习的进步是当前 NLP 和人工智能拐点背后的主要推动力，并且直接推动了神经网络的复兴，包括商业领域的广泛应用。

进一步来讲，尽管在第二次浪潮期间开发的许多重要的 NLP 任务中，判别模型（浅层）取得了成功，但它们仍然难以通过行业专家人工设计特征来涵盖语言中的所有规则。除不完整性问题外，这种浅层模型还面临稀疏性问题，因为特征通常仅在训练数据中出现一次，特别是对于高度稀疏的高阶特征。因此，在深度学习出现之前，特征设计已经成为统计 NLP 的主要障碍之一。深度学习给解决我们的特征工程问题带来了希望，其观点被称为"从头开始 NLP"，这在深度学习早期被认为是非同寻常的。这种深度学习方法利用了包含多个隐藏层的强大神经网络来解决一般的机器学习任务，而无须特征工程。与浅层神经网络和相关的机器学习模型不同，深层神经网络能够利用多层非线性处理单元的级联来从数据中学习表示以进行特征提取。由于较高级别的特征源自较低级别的特征，因此这些级别构成了概念上的层次结构。

随着深度学习在语音识别领域的成功，计算机视觉和机器翻译也很快被类似的深度学习范式所取代。此外，还有大量的其他 NLP 应用，如图像字幕、视觉问答、语音理解、网络搜索和推荐系统。由于深度学习的广泛应用，也有许多非 NLP 任务，如药物发现和毒理学、客户关系管理、手势识别、医学信息学、广告、医学图像分析、机器人、无人驾驶车辆和电子竞技游戏等。

在将深度学习应用于 NLP 问题的过程中，出现了两个重要技术突破——序列到序列学习和注意力建模。序列到序列学习引入了一个强大的思想，即利用循环网络以端到端的方式进行编码和解码。虽然注意力建模最初是为了解决对长序列进行编码的困难，但随后的发展显然扩展了它的功能，能够对任意两个序列进行高度灵活的排列，且可以与神经网络参数一起进行学习。与基于统计学习和单词/短语的局部表示的最佳系统相比，序列到序列学习和注意力建模的关键思想提高了基于分布式嵌入的神经网络机器翻译的性能。

其实，基于神经网络的深度学习模型通常比早期开发的传统机器学习模型更易于设计。在许多应用中，以端到端的方式同时对模型的所有部分执行深度学习，从特征提取一直到预测。促成神经网络模型简化的另一个因素是相同模型构建的模块（如不同类型的层）通常也可以适用于许多不同的任务。另外，还开发了软件工具包，以便更快、更有效地实现这些模型。基于这些原因，深度神经网络现在是大型数据集（包括 NLP 任务）上的各种机器学习和人工智能任务的主要选择方法。

尽管深度学习已经被证明能够以革命性的方式对语音、图像和视频进行重塑处理，并且在许多实际的 NLP 任务中取得了经验上的成功，在将深度学习与基于文本的 NLP 进行交叉时，其效果却不那么明显。在语音、图像和视频处理中，深度学习通过直接从原始感知数据中学习高级别概念，有效地解决了语义鸿沟问题。然而，在 NLP 中，研究人员在形态学、句法和语义学上提出了更强大的理论和结构化模型，提炼出了理解和生成自然语言的基本机制，但这些机制与神经网络并不容易兼容。与语音、图像和视频信号相比，从文本数据中学习到的神经表征似乎也不能直接洞察自然语言。因此，将神经网络特别是具有复杂层次结构的神经网络应用于 NLP，近年来得到了越来越多的关注，也已经成为 NLP 和深度学习社区中最活跃的领域，并取得了显著的进步。

（二）NLP 中深度学习的局限性

目前，尽管深度学习在 NLP 任务中取得了巨大的成功，尤其是在语音识别/理解、语言建模和机器翻译方面，但目前仍然存在着一些巨大的挑战。目前，基于神经网络作为黑盒的深度学习方法普遍缺乏可解释性，甚至是远离可解释性。而在 NLP 的理论阶段建立的"理性主义"范式中，专家设计的规则自然是可解释的。在现实工作任务中，其实是迫切需要从"黑盒"模型中得到关于预测的解释，这不仅是为了改进模型，也是为了给系统使用者提供有针对性的合理化建议。

在许多应用中，深度学习方法已经证明其识别准确率接近或超过人类，但与人类相比，它需要更多的训练数据、功耗和计算资源。从整体统计的角度来看，其精确度的结果令人印象深刻，但从个体角度来看往往不可靠。而且，当前大多数深度学习模型没有推理和解释能力，使得它们容易遭受灾难性失败或攻击，而没有能力预见并因此防止这类失败或攻击。另外，目前的 NLP 模型没有考虑到通过最终的 NLP 系统制定和执行决策目标及计划的必要性。当前 NLP 中基于深度学习方法的一个局限性是理解和推理句子间关系的能力较差，尽管在句子中的词间和短语方面已经取得了巨大进步。

目前，在 NLP 任务中使用深度学习时，虽然我们可以使用基于（双向）LSTM 的标准序列模型，且遇到任务中涉及的信息来自另外一个数据源时可以使用端到端的方式训练整个模型，但是实际上人类对于自然语言的理解（以文本形式）需要比序列模型更复杂的结构。

换句话说，当前 NLP 中基于序列的深度学习系统在利用模块化、结构化记忆和用于句子及更大文本进行递归、树状表示方面还存在优化的空间。

为了克服上述挑战并实现 NLP 作为人工智能核心领域的更大突破，有关 NLP 和深度学习的研究人员要在基础研究和应用研究方面做出一些里程碑式的工作。

第三节　智慧物联

一、智慧物联感知技术

物联网的目标是将物理世界与数字世界融合起来。物联网的感知层主要完成信息的采集、转换和接收，其关键技术主要为传感器技术和网络通信技术，例如，利用射频标志（RFID）标签来识别 RFID 信息的扫描仪、视频采集的摄像头和各种传感器的传感与控制技术。

（一）传感器技术

传感器技术是测量技术、半导体技术、计算机技术、信息处理技术、微电子技术、光学、声学、精密机械、仿生学和材料科学等众多学科相互交叉的综合性技术，是高新技术密集型的前沿技术之一，是现代新技术革命和信息社会的重要基础，是自动检测和自动控制技术的重要组成部分。

1. 传感器的概念

传感器是一种检测装置，能感受到被测量信息，并能将感受到的信息按照一定规律变换成电信号或其他形式的信息输出，以满足信息的传输、处理、存储、显示、记录和控制等要求，是实现自动检测和自动控制的首要环节。传感器包含如下概念。

①传感器是测量装置，能完成检测任务。

②它的输入量是某一被测量，可能是物理量，也可能是化学量、生物量等。

③它的输出量是某种物理量，这种量要便于传输、转换、处理、显示等，这种量可以是气、光、电量，但主要是电量。

④输出输入有对应关系，且应有一定的精确程度。

2. 传感器的性能指标及要求

传感器的质量优劣一般通过相关性能来衡量。在检测系统中除一般所用的如灵敏度、分辨率、准确度、线性度、频率特性等参数外，还常用阈值、过载能力、稳定性、漂移、可靠性、重复性等与环境相关的参数及使用条件等作为衡量指标。

①阈值：指零点附近的分辨率，即传感器输出端产生可测变化量的最小值。

②漂移：在一定时间间隔内传感器输出量存在着与被测输入量无关的、不需要的变化，包括零点漂移与灵敏度漂移。

③过载能力：传感器在不致引起规定性能指标永久改变的条件下，允许超过测量范围的能力。

④稳定性：传感器在具体时间内保持其性能的能力。

⑤重复性：传感器输入量在同一方向做全量程内连续重复测量所得输出输入特性曲线的重合程度。

⑥可靠性：通常包括工作寿命、平均无故障时间、保险期、疲劳性能、绝缘电阻、耐压性等。

⑦传感器工作要求：主要有高精度、低成本、灵敏度高、稳定性好、工作可靠、抗干扰能力强、良好的动态特性、结构简单、功耗低、易维护等。

3. 传感器的组成

传感器通常由敏感元件、转换元件和转换电路组成。有些传感器，它的敏感元件与转换元件合并在一起，例如，半导体气体传感器、湿度传感器等。

①敏感元件，即直接感受被测量，并输出与被测量成确定关系的物理量，能敏锐地感受某种物理、化学、生物的信息，并将其转变为电信号的特种电子元器件。

不同传感器的敏感元件是不同的，通常是利用材料的某种敏感效应制成的。敏感元件可以按输入的物理量来命名，如热敏、光敏、（电）压敏、（压）力敏、磁敏、气敏、湿敏元件。敏感元件是传感器的核心元件，在电子设备中采用敏感元件来感知外界的信息，可以达到或超过人类感觉器官的功能。随着电子计算机和信息技术的迅速发展，敏感元件的重要性日益增大。

②转换元件，是指传感器中能将敏感元件的输出转换为适于测量和传输的电信号的部分。敏感元器件的输出就是它的输入，转换成电路参量。一般传感器的转换元件是需要辅助电源的。

③转换电路。上述电路参量接入转换电路，便可转换成电量输出。

4. 传感器的分类

可以用不同的方法对传感器进行分类，即按传感器的转换原理、传感器用途、输出信号的类型，以及传感器的制作材料和工艺等来划分传感器的类型。

按照传感器转换原理，可分为物理传感器和化学传感器。

按照传感器的用途可分为压力敏和力敏传感器、位置传感器、液面传感器、能耗传感器、速度传感器、加速度传感器、射线辐射传感器、热敏传感器等。

按照传感器的工作原理可分为振动传感器、湿敏传感器、磁敏传感器、气敏传感器、真空传感器、生物传感器等。

按输出信号类型可以将传感器分为模拟传感器、数字传感器、膺数字传感器、开关传感器。

按照所应用的材料分类：

①按照其所用材料类别可分为金属传感器、聚合物传感器、陶瓷传感器、混合物传感器等。

②按材料物理性质可分为导体传感器、绝缘体传感器、半导体传感器、磁性材料传感器等。

③按材料的晶体结构可分为单晶传感器、多晶传感器、非晶材料传感器等。

按照传感器制造工艺可分为集成传感器、薄膜传感器、厚膜传感器、陶瓷传感器等。

5. 常用传感器

（1）电阻应变式传感器

电阻应变式传感器是利用电阻应变片将应变转换为电阻值变化的传感器。应变式传感器由弹性元件、应变片、附件（补偿元件、保护罩等）组成。

（2）电感式传感器

电感式传感器是基于电磁感应原理，把被测量转化为电感最变化的一种装置，按照转换方式的不同可分为自感式和互感式两种。

自感式电感传感器主要有变间隙型、变面积型和螺管型，均由线圈、铁芯和衔铁三部分组成。其中，铁芯和衔铁由导磁材料制成。

在铁芯和衔铁之间有气隙，传感器的运动部分与衔铁相连。当衔铁移动时，气隙厚度发生改变，引起磁路中磁阻变化，从而导致电感线圈的电感值变化，因此只要测出这种电量的变化，就能确定衔铁位移量的大小和方向。

把被测的非电量变化转化为线圈互感变化的传感器称为互感式传感器。这种传感器是根据变压器的基本原理制成的，并且次级绕组用差动形式连接，故又称为差动变压器式传感器。

差动变压器结构形式有变隙式、变面积式和螺线管式等。

（3）热电式传感器

①热电耦式传感器。热电耦作为温度传感器，测得与温度相应的热电动势，由仪表转化成温度值。它具有结构简单、价格便宜、准确度高、测温范围广等特点，广泛用来测量-200℃~1300℃范围内的温度，特殊情况下，可测至2800℃的高温至4K的低温。由于热电耦是将温度转化成电量进行检测，使得对温度的测量、控制，以及对温度信号的放大、变换变得都很方便，适用于远距离测量和自动控制。

②热电阻式传感器。电阻温度计是利用导体或半导体的电阻值随温度的变化来测量温度的元件，它由热电阻体（感温元件），连接导线和显示或记录仪表构成。习惯上将用作标准的热电阻体称为标准温度计，而将工作用的热电阻体直接称为热电阻。它们广泛用来测量-200℃~850℃范围内的温度，少数情况下，低温可至1K，高温可达1000℃。在常用的电阻温度计中，标准铂电阻温度计的准确度最高，并作为国际温标中961.78℃以下内插用标准温度计。同热电耦式传感器相比，热电阻传感器具有准确度高、输出信号大、灵敏度高、测温范围广、稳定性好、输出线性好等特性，但结构复杂、尺寸较大，因此热响应时间长，不适于测量体积狭小和温度瞬变区域。

（4）霍尔传感器

霍尔传感器是一种磁电式传感器，是利用霍尔元件基于霍尔效应原理而将被测量转换成电动势输出的一种传感器。由于霍尔元件在静止状态下，具有感受磁场的独特能力，并且具有结构简单、体积小、噪声小、频率范围宽（从直流到微波）、动态范围大（输出电势变化范围可达1000：1）、寿命长等优点，因此获得了广泛应用。例如，在测量技术中用于将位移、力、加速度等被测量转换为电量的传感器，在计算技术中用于作加、减、乘、除、开方、乘方及微积分等运算的运算器等。

（5）光纤传感器

光导纤维简称"光纤"，是一种特殊结构的光学纤维，由纤芯、包层和护层组成。光纤传感器原理实际上是研究光在调制区内外界信号（温度、压力、应变、位移、振动、电场等）与光的相互作用，即研究光被外界参数调制的原理。外界信号可能引起光的强度、波长、频率、相位、偏振等光学性质的变化，从而形成不同的调制信号光。

光纤传感器主要有抗电磁干扰、电绝缘、耐腐蚀、灵敏度高、重量轻、体积小、可弯曲、测量对象广泛、对被测介质影响小等特点。

（二）RFID 系统

RFID 技术是一种非接触式的自动识别技术，它通过射频信号自动识别目标对象，可快速地进行物品追踪和数据交换。识别工作无须人工干预，可工作于各种恶劣环境中。RFID 技术可识别高速运动物体，并可同时识别多个标签，操作快捷方便，为 ERP（Enterprise Resource Planning，企业资源规划）和 CRM（Customer Relationship Management，客户关系管理）等业务系统完美实现提供了可能，并且能对业务与商业模式有较大提升作用。近年来，RFID 因其具备的远距离读取、高存储量等特性而备受瞩目。RFID 不仅可以帮助一个企业大幅提高货物信息管理的效率，而且可以让销售企业和制造企业互联，从而更加准确地接受反馈信息，控制需求信息、优化整个供应链。

1. RFID 系统的组成

最基本的 RFID 系统由三部分组成：电子标签、阅读器和天线。电子标签也就是应答器，即射频卡，由耦合元件及芯片组成，标签含有内置天线，用于在射频天线间进行通信。阅读器即读取（在读写卡中还可以写入）标签信息的设备。天线用于在标签和阅读器间传递射频信号。

（1）电子标签

在 RFID 系统中，电子标签相当于条码技术中的条码符号，用来存储需要识别和传输的信息，是射频识别系统真正的数据载体。一般情况下，电子标签由标签天线（耦合元件）和标签专用芯片组成，其中包含带加密逻辑、串行电可擦除及可编程式只读存储器、逻辑控制以及射频收发及相关电路。电子标签具有智能读写和加密通信的功能，通过无线电波与阅读器进行数据交换，工作的能量中阅读器发出的射频脉冲提供。当系统工作时，阅读器发出查询信号（能量），电子标签（无源）收到查询信号（能量）后将其一部分整流为宜流电源供电子标签内的电路工作，另一部分能量信号被电子标签内保存的数据信息调制后反射回阅读器。其内部各模块功能如下所述。

①天线。用来接收由阅读器送来的信号，并把所要求的数据送回阅读器。

②电压调节器。把由阅读器送来的射频信号转换成直流电压，并经大电容贮存能量再经稳压电路转变成稳定的电源。

③射频收发模块，包括调制器和解调器。

调制器：逻辑控制模块送出的数据经调制电路调制后，加载到天线送给阅读器。

解调器：把载波去除以取出真正的调制信号。

④逻辑控制模块，用来解码阅读器送来的信号，并依其要求送回数据给阅读器。

⑤存储器，包括 EEPROM 和 ROM，作为系统运行及存放识别数据的空间。

在大部分的 RFID 系统中，阅读器处于主导地位。阅读器与电子标签之间的通信通常由阅读器发出搜索命令开始，当电子标签进入射频区后就响应搜索命令，从而使得阅读器识别到电子标签并与它进行数据通信。当射频区有多个电子标签时，阅读器和电子标签都需要调用防碰撞模块进行处理，多个电子标签将会一起被识别出来，识别的顺序与防碰撞的算法和电子标签本身的序列号有关。电子标签在识别通信的操作过程中基本上有五种状态。

空闲状态：电子标签在进入射频区前处于空闲状态，内部的信息不会泄露或遗失。对无源的电子标签来说，空闲状态也就意味着电路处于无电源的状态。

准备状态：进入射频区后，电子标签进入准备状态，准备接收阅读器发过来的指令。

防碰撞状态：当射频区电子标签不止一个时，电子标签就将进入防碰撞状态。防碰撞的完成可能需要多次循环，每次循环识别出一个电子标签，没有被识别出来的电子标签将在下一次防碰撞中继续进行循环。

选中状态：被识别出来的电子标签进入选中状态。阅读器只能对处于选中状态的电子标签进行读写数据。

停止状态：阅读器对处于选中状态的电子标签读写完数据后，会发出停止命令控制电子标签进入停止状态。进入停止状态的电子标签停止响应，暂时处于封闭的状态，直到再接到阅读器发送过来的唤醒指令。有些无源 RFID 系统是通过电子标签进入射频区时的上电复位来实现对进入停止状态的电子标签的唤起，这样的策略确保了每个处于射频区的电子标签只能被选中一次。如果要想被第二次选中，电子标签就必须退出射频区后再进入。

（2）阅读器

阅读器即对应于电子标签的读写设备，在 RFID 系统中扮演着重要的角色，主要负责与电子标签的双向通信，同时接收来自主机系统的控制命令。阅读器通过与电子标签之间的空间信道向电子标签发送命令，电子标签接收命令后做出必要的响应，由此实现射频识别。一般情况下，在射频识别系统中，通过阅读器实现的对电子标签数据的无接触收集或由阅读器向电子标签写入的标签信息，均要回送到应用系统中或来自应用系统。阅读器与应用系统程序之间的接口 API 一般要求阅读器能够接收来自应用系统的命令，并且根据应用系统的命令或约定的协议做出相应的响应（回送收集到的标签数据等）。阅读器的频率决定了 RFID 系统的工作频段，其功率决定了射频识别的有效距离。阅读器根据使用的结构和技术不同有读取或读/写装置，它是 RFID 系统的信息控制和处理中心。典型的阅读器包括射频模块（射频接口）、逻辑控制模块及阅读器天线。此外，许多阅读器还有附加的接口（RS-232、RS-485、以太网接口等），以便将所获得的数据传向应用系统或从应用系统中接收命令。

阅读器内部各模块功能如下所述：

①逻辑控制模块：与应用系统软件进行通信，并执行应用系统软件发来的命令。控制与电子标签的通信过程（主-从原则），将发送的并行数据转换成串行的方式发出，而将收到的串行数据转换成并行的方式读入。

②射频模块：产生高频发射功率以启动电子标签，并提供能量。对发射信号进行调制（装载），经由发射天线发送出去，发送出去的射频信号（可能包含有传向标签的命令信息）经过空间传送（照射）到电子标签上，接收并解调（卸载）来自电子标签的高频信号，将电子标签回送到读写器的回波信号进行必要的加工处理，并从中解调，提取出电子标签回送的数据。

射频模块与逻辑控制模块的接口为调制（装载）/解调（卸载），在系统实现中，通常射频模块包括调制解调部分，并且也包括解调之后对回波小信号的必要加工处理（如放大、整形等）。在一些复杂的 RFID 系统中都附加了防碰撞单元和加密、解密单元。防碰撞单元是具有防碰撞功能的 RFID 系统所必需的，使加密、解密单元使得数据的安全性得到了保证。电子标签与阅读器构成的射频识别系统归根到底是为应用服务的，应用的需求可能是多种多样、各不相同的。阅读器与应用系统之间的接口 API 通常用一组可由应用系统开发工具（如 VC+、VB、PB 等）调用的标准接口函数来表示。

③天线。天线在电子标签和阅读器间传递射频信号，是电子标签与阅读器之间传输数据的发射接收装置。天线的目标就是传输最大的能量进出标签芯片。在实际应用中，除了系统功率之外，天线的形状和相对位置也会影响数据的发射和接收，需要专业人员对系统的天线进行设计、安装。

2. RFID 系统的工作原理

RFID 系统的工作原理如下：阅读器将要发送的信息，经编码后加载在某一频率的载波信号上经天线向外发送，进入阅读器工作区域的电子标签接收此脉冲信号，芯片中的有关电路对此信号进行调制、解码、解密，然后对命令请求、密码、权限等进行判断。若为读命令，逻辑控制模块则从存储器中读取有关信息，经加密、编码、调制后通过卡内天线再发送给阅读器，阅读器对接收到的信号进行解调、解码、解密后送至中央信息系统进行有关数据处理；若为修改信息的写命令，有关逻辑控制的内部电荷泵提升工作电压，提供擦写 EEPROM 中的内容进行改写，若经判断其对应的密码和权限不符，则返回出错信息。

（三）条形码技术

条形码技术是在计算机技术与信息技术基础上发展起来的一门集编码、印刷、识别、数据采集和处理于一身的新兴技术。其核心内容是利用光电扫描设备识读条码符号，从而实现机器的自动识别，并快速准确地将信息录入计算机中进行数据处理。条形码是利用条（着色部分）、空（非着色部分）及其宽、窄的交替变换来表达信息的。每一种编码都制定有字符与条、空、宽、窄表达的对应关系，交替排列成"图形符号"，在这一"图形符号"中就包含了字符信息，当识读器划过这一"图形符号"时，这一条、空交替排列的信息通过光线反射而形成的光信号在识读器内被转换成数字信号，再经过相应的解码软件，"图形符号"就被还原成字符信息。

1. 一维条形码

一维条形码技术相对成熟，在社会生活中处处可见，在全世界得到了极为广泛的应用。它作为计算机数据的采集手段，以快速、准确、成本低廉等诸多优点迅速进入商品流通、自动控制及档案管理等各种领域。一维条形码由一组按一定编码规则排列的条、空符号组成，表示一定的字符、数字及符号信息。条形码系统是由条形码符号设计、条形码制作及扫描阅读组成的自动识别系统，是迄今为止使用最为广泛的一种自动识别技术。到目前为止，常见的条形码的码制大概有20多种，其中广泛使用的码制包括 EAN 码、Code39 码、交叉 25 码、UPC 码、128 码、Code93 码及 CODABAR 码等。不同的码制具有不同的特点，适用于特定的应用领域。

条形码技术给人们的工作、生活带来的巨大变化是有目共睹的。然而，由于一维条形码的信息容量比较小，例如，商品上的条码仅能容纳几位或者几十位阿拉伯数字或字母，因此一维条形码只能标识一类商品，而不包含对于相关商品的描述，只有在数据库的辅助下人们才能通过条形码得到相关商品的描述。换而言之，离开了预先建立的数据库，一维条形码所包含的信息将会大打折扣。基于这个原因，一维条形码在没有数据库支持或者联网不便的地方，其使用受到了相当大的限制。一维条形码无法表示汉字或者图像信息。因此，在一些需要应用汉字和图像的场合，一维条形码就显得很不方便。而且即使建立了相应的数据库来存储相关产品的汉字和图像信息，这些大量的信息也需要一个很长的条形码来进行标识。这种长的条形码会占用很大的印刷面积，给印刷和包装带来很大的困难。

2. 二维条形码

人们希望在条形码中直接包含产品相关的各种信息，而不需要根据条形码从数据库中再次进行这些信息的查询。因此，现实的应用需要一种新的码制，这种码制除了具备一维条形码的优点外，还应该具备信息容量大、可靠性高、保密防伪性强等优点。

与一维条形码只能从一个方向读取数据不同，二维条形码可以从水平、垂直两个方向来获取信息，因此，其包含的信息量远远大于一维条形码，并且还具备自纠错功能。但二维条形码的工作原理与一维条形码是类似的，在进行识别的时候，将二维条形码打印在纸带上，通过阅读器来获取条形码符号所包含的信息。

（1）二维条形码的特点

①存储量大。二维条形码可以存储 1100 个字，比起一维条形码的 15 个字，存储量大为增加，而且能够存储中文，其资料不仅可应用在英文、数字、汉字、记号等，甚至空白也可以处理，而且尺寸可以自由选择，这也是一维条形码做不到的。

②抗损性强。二维条形码采用故障纠正的技术，即使遭受污染及破损后也能复原，在条码受损程度高达 50% 的情况下，仍然能够解读出原数据，误读率为 6100 万分之一。

③安全性高。在二维条形码中采用了加密技术，使安全性大幅度提高。

④可传真和影印。二维条形码经传真和影印后仍然可以使用，而一维条形码在经过传真和影印后机器就无法进行识读。

⑤印刷多样性。对于二维条形码来讲，不仅可以在白纸上印刷黑字，而且可以进行彩色印刷，印刷机器和印刷对象都不受限制，使用起来非常方便。

⑥抗干扰能力强。与磁卡、IC 卡相比，二维条形码由于其自身的特性，具有强抗磁、抗静电能力。

⑦码制更加丰富。

（2）二维条形码的分类

二维条码可以直接被印刷在被扫描的物品上或者打印在标签上，标签可以由供应商专门打印或者现场打印。所有条码都有一些相似的组成部分，它们都有一个空白区，称为静区，位于条码的起始和终止部分边缘的外侧。校验符号在一些码制中也是必需的，可以用数学的方法对条码进行校验，以保证译码后的信息正确无误。与一维条形码一样，二维条形码也有许多不同的编码方法，据此，可以将二维条形码分为以下三种类型：

①线性堆叠式二维码。就是在一维条形码的基础上，降低条码行高，换为多行高纵横比的窄长型条码，并将各行在顶上相堆积，每行间都用一模块宽的厚黑条相分隔。

②矩阵式二维码。它是采用统一的黑白方块的组合，能够提供更高的信息密

度，存储更多的信息。与此同时，矩阵式的条码比堆叠式的条码具有更高的自动纠错能力，更适用于条码容易受到损坏的场合。矩阵式符号没有标识起始和终止的模块，但它们有一些特殊的"定位符"，在定位符中包含了符号的大小和方位等信息。矩阵式二维码和新的堆叠式二维码能够用先进的数学算法将数据从损坏的条码符号中恢复。

③邮政码。通过不同长度的条进行编码，主要用于邮件编码。

在二维条形码中，PDF417 码由于解码规则比较开放和商品化，因而使用比较广泛。PDF 是 Portable Data File 的缩写，意思是可以将条形码视为一个档案，里面能够存储比较多的资料，而且能够随身携带。

二维条形码技术的发展主要表现为三个方面的趋势：第一个是出现了信息密集度更高的编码方案，增强了条码技术信息输入的功能；第二个是发展了小型、微型、高质量的硬件和软件，使条码技术实用性更强，扩大了应用领域；第三个是与其他技术相互渗透、相互促进，这将改变传统产品的结构和性能，扩展条码系统的功能。

（3）二维条形码的阅读器

阅读器的功能是把条形码条符宽度、间隔等空间信号转换成不同的输出信号，并将该信号转化为计算机可识别的二进制编码输入计算机。扫描器又称光电读入器，它装有照亮被读条码的光源和光电检测器件，并且能够接收条码的反射光，当扫描器所发出的光照在纸带上，每个光电池根据纸带上条码的差异输出不同的图案，将来自各个光电池的图案组合起来，从而产生一个高密度的信息图案，经放大、量化后送译码器处理。译码器存储有须译读的条码编码方案数据阵和译码算法。在早期的识别设备中，扫描器和译码器是分开的，目前的设备大多已将它们合成一体。

在二维条形码的阅读器中有几项重要的参数，即分辨率、扫描背景、扫描宽度、扫描速度、一次识别率、误码率，选用的时候要针对不同的应用视情况而定。普通的条码阅读器通常采用三种技术，即光笔、CCD、激光，它们都有各自的优缺点，没有一种阅读器能够在所有方面都具有优势。

光笔是最先出现的一种手持接触式条码阅读器。使用时，操作者须将光笔接触到条码表面，通过光笔的镜头发出一个很小的光点，当这个光点从左到右划过条码时，在"空"部分，光线被反射；在"条"的部分，光线被吸收，从而在光笔内部产生个变化的电压，这个电压通过放大、整形后用于译码。

CCD 为电子耦合器件，比较适合近距离和接触阅读，它使用一个或多个 LED，发出的光线能够覆盖整个条码，并将其转换成可以译码的电信号。

激光扫描仪是非接触式的，在阅读距离超过 30cm 时激光阅读器是唯一的选择。它的首读识别成功率高，识别速度相对光笔及 CCD 更快，而且对印刷质量不好或模糊的条码识别效果好。

射频识别技术改变了条形码技术依靠"有形"的一维或二维几何图案来提供信息的方式，通过芯片来提供存储在其中的数量更大的"无形"信息。射频识别技术起步较晚，至今没有制定出统一的国际标准，但是射频识别技术的推出绝不仅是信息容量的提升，对于计算机自动识别技术来讲更是一场革命，它所具有的强大优势会大大提高信息的处理效率和准确度。

二、智慧安防控制系统

（一）智慧安防控制系统的组成

物联网视频监控系统，是一种传统摄像机与互联网技术结合产生的新一代摄像机，主要包括网络摄像机、网络高清硬盘录像机、网络传输、控制器、显示器，即前端摄像部分、中端传输部分、控制部分，以及后端显示与记录部分所组成的系统。物联网视频监控系统只要有网络（无线或有线）再结合录像系统及管理平台就可以构建大规模、分布式的智能网络视频监控系统，可以随时进行远程监控及录像的查看，超越了地域的限制，降低了布线的烦琐程度。

网络摄像机又称 IPC，IP Camera 是视频图像采集的主要设备，内置一个嵌入式芯片，采用嵌入式实时操作系统，集成了视频音频采集、信号处理、编码压缩、智能分析及网络传输等多种功能。图像信号经过摄像镜头，由图像传感器转化为电信号，A/D 转换器将模拟电信号转换为数字电信号，再经过图像编码器按照一定的编码技术标准进行编码压缩，在控制器的作用下，由网络服务器按照一定的网络协议送上局域网。

摄像头工作过程和原理：

①采集视频信号、音频信号、报警信号，经过 A/D 转换后变成数字信号，并对其进行压缩；

②把采集到的信号通过视频、音频传输子系统传输到控制中心进行加工处理；

③通过接口转换器将处理的数字信号转换为模拟信号，通过网络传输发送到客户端或者存放在存储卡。

前端摄像机选型应根据不同应用场景的不同监控需求，选择不同类型或者不同组合的摄像机。室内可以采用红外半球与室内球机搭配使用，确保满足安装的美观与细节的要求。

构建大规模、分布式的监控系统，交换机/路由器是必不可少的设备。交换机的主要目的是实现电信号转发的网络设备，前端摄像机及网络高清硬盘录像机均连接在一台交换机上。目前，市场上的接口主要有 8、12、16、24 口，光纤口一般是一到两个，速率可达 1000M。大规模的监控系统中的交换机一般分为接入层、汇聚层、核心层。接入层交换机的容量需要大于同时接入的摄像机数 X 所占的带宽；汇聚层交换机是同时处理的摄像机的交换容量之和，即承担监控存储的流量还有承担实时查看调用监控的压力；核心层交换机，需要考虑交换容量及汇聚的链路带宽。因为存储是放在汇聚层的，所以核心交换机没有视频录像的压力，只考虑同时多少人看多少路视频，因此，接入层和汇聚层交换机通常只考虑容量就够了，用户获取视频是通过核心交换机。

网络高清硬盘录像机的主要目的是实现对前端网络摄像机的集中管理、设备搜索、图像预览、集中录像和录像回放等功能。网络摄像机占用带宽较大，1 小时录像在 1G 以上，因此为了保证录像存储时间，网络高清硬盘录像机一般支持多盘位。

显示器是监控系统的显示部分，通过 VGA 或 HDMI 接口与网络高清硬盘录像机相连，可以输出网络高清硬盘录像机上的视频，供监控操作人员随时查看传送过来的监控录像。

（二）家用型监控系统

小型家用监控系统一般由镜头、红外灯、嵌入式图像传感器、声音传感器、

A/D 转换器、图像编码器、控制器、网络服务器等部分组成。客户端可以调整或跟踪摄像头，借助互联网及云端控制系统进行监控。

家用型无线摄像头不需要交换机，录像存储在 TF 卡上或云存储。家用型无线视频监控系统包括四个部分，分别是单片机的硬件、摄像机单片机软件、摄像机客户端监控管理软件和云端控制。通过手机 App 对家庭的实时监控，是由路由器的串口通信连接摄像头与单片机，手机的 App 对 Wi-Fi 进行指令的控制，通过串口的连接再传输给路由器，然后传输给单片机，单片机通过相应的运算进行一系列的操作指令，最后在手机 App 上就可以监控到室内的画面。若是有陌生人进入室内，则声光报警模块立即发出报警的动作，可以立即通知手机主人，手机主人就可以立即做出相应的措施，以免造成家庭经济损失，而且这种小型的家用无线视频监视成本低、易操作、搭建简单，非常实用。

家用型监控系统采用云管理技术，云存储是在云计算基础上延伸和发展出来的一个新的概念，是指通过集群应用、网格技术或分布式文件系统等功能，应用存储虚拟化技术将网络中各种不同类型的存储设备通过应用软件集合起来协同工作，共同对外提供数据存储和业务访问功能的个系统。所以云存储可以认为是配置了大容量存储设备的一个云计算系统。

（三）大型商用监控系统

随着信息技术的发展，企业管理进入了信息时代，而企业生存发展的需要、信息管理的发展、人工智能思想与技术在企业的延伸共同造就了企业的智能管理。企业的智能管理包括人员管理、业务管理和场地管理等，通过大型商业监控系统采集监控信息。

1. 系统分布

总控中心：负责对分控中心分散区域高清监控点的接入、显示、存储、设置等功能，主要部署核心交换机、视频综合平台、大屏、存储、客户端、平台、视频质量诊断服务器等。

分控中心：负责对前端分散区域高清监控点的接入、存储、浏览、设置等功能，主要部署接入交换机、客户端等。

监控前端：主要负责各种音视频信号的采集，通过部署网络摄像机、球机等设备，将采集到的信息实时传送至各个监控中心。

传输网络：整个传输网络采用接入层、核心层两层传输架构设计。前端网络设备就近连接到接入交换机，接入交换机与核心交换机之间通过光纤连接；部分设备因传输距离问题通过光纤收发器进行信号传输，再汇入接入交换机。

视频存储系统：视频存储系统采用集中存储方式，使用专用视频存储设备，支持流媒体直存，减少存储服务器和流媒体服务器的数量，确保系统架构的稳定性。

视频解码拼控：视频综合平台通过网线与核心交换机连接，并通过多链路汇聚的方式提高网络带宽与系统可靠性。视频综合平台采用电信级 ATCA 架构设计，集视频智能分析、编码、解码、拼控等功能于一身，极大地简化了监控中心的设备部署，更从架构上提升了系统的可靠性与功能性。

大屏显示：大屏显示部分采用最新 LCD 窄缝大屏拼接显示。

视频信息管理应用平台：部署于通用的 x86 服务器上，服务器直接接入核心交换机。

2. 网络结构设计

监控传输网络系统主要作用是接入各类监控资源，为中心管理平台的各项应用提供基础保障，能够更好地服务于各类用户。

（1）核心层

核心层主要设备是核心交换机，作为整个网络的大脑，核心交换机的配置性能要求较高。目前，核心交换机一般都具备双电源、双引擎，故核心交换机一般不采用双核心交换机部署方式，但是对于核心交换机的背板带宽及处理能力要求较高。

（2）接入层

①前端视频资源接入。前端网络采用独立的 IP 地址网段，完成对前端多种监控设备的互联。前端视频资源通过 IP 传输网络接入监控中心或者数据机房进行汇聚。前端网络接入通常采用以下方式：对于远距离传输，通常为点对点光纤接入的方式；对于近距离接入，可采用直接接入交换机的方式。

②用户接入。对于用户端接入交换机部分，需要增加相应的用户接入交换机，提供用户接入服务。

第七章　人工智能时代的计算机技术

第一节　人工智能时代计算机网络安全与防护

一、人工智能安全及发展

从人工智能内部视角看，人工智能系统和一般信息系统一样，难免会存在脆弱性，即人工智能的内生安全问题。一旦人工智能系统的脆弱性在物理空间中暴露出来，就可能引发无意为之的安全事故。

从人工智能外部视角看，人们直观上往往会认为人工智能系统可以单纯依靠人工智能技术构建，但事实上，单纯考虑技术因素是远远不够的，人工智能系统的设计、制造和使用等环节，还必须在法律法规、国家政策、伦理道德、标准规范的约束下进行，并具备常态化的安全评测手段和应急防范控制措施。

综上所述，可将人工智能安全分为三个子方向：人工智能助力安全、人工智能内生安全和人工智能衍生安全。其中，人工智能助力安全体现的是人工智能技术的赋能效应；人工智能内生安全和衍生安全体现的是人工智能技术的伴生效应。人工智能系统并不是单纯地依托技术而构建的，还需要与外部多重约束条件共同作用，以形成完备合规的系统。

（一）人工智能助力安全

任何新技术的出现都会带来新的安全问题。新的信息技术通常会因其自身尚不成熟、不完备而引发两种新的安全问题：一是新技术系统自身的脆弱性导致系统自身出现问题，称为内生安全；二是新技术的脆弱性并未给系统自身带来问题，但会引发其他领域的安全问题，称为衍生安全。

从内生安全的角度来看，部分是因为新技术存在着一些安全漏洞，但这些漏洞通常是会被发现并且被改进的；还有一种情况就是新技术存在着天然的缺陷，使得有一些问题客观存在，无法通过改进来解决，只能采取其他手段来加以防护。

从衍生安全的角度来看，其本质就是新技术因其脆弱性而存在着一定的副作用，但对新技术系统本身不产生什么影响，因此这种脆弱性就不会被新技术自身主动地加以改进。例如，社交网络如果是非实名制的，通常不会对社交网络本身造成较大影响，但有可能涉及其他安全问题。

"新技术赋能攻击"效应本身也能反映出与衍生安全类似的特征，只不过新技术赋能的特征在于新技术系统很强大，被用在了安全攻击上。从安全攻击的角度来说，新技术的衍生安全和新技术的赋能攻击都能助力于攻击行为，差别是前者依赖新技术系统的脆弱性，且新技术自身不可掌控，后者依赖新技术系统的强大能力，且应用目标明确。

近年来，人们见证了云计算、边缘计算、物联网、人工智能、工业互联网、大数据、区块链等新兴领域的信息技术的不断出现及普及。虽然这些新技术具有巨大的影响潜力，但它们也带来了不可避免的安全挑战。同样，人工智能也会带来一系列安全挑战。下面将从助力防御和助力攻击两个方面论述人工智能如何助力安全。

1. 人工智能助力防御

（1）物理智能安防监控

物理智能安防监控是保障物理安全的一种重要技术手段，涉及实体防护、防盗报警、视频监控、防爆安检、出入口控制等。安防领域作为人工智能技术成功落地的一个应用领域，其技术及成果已经引起国内很多安防企业的重视，许多企业开始从技术、产品等不同角度涉足人工智能。推动安防监控发展的关键人工智能技术包括智能视频监控、体态识别与行为预测、知识图谱和智能安防机器人等。

①智能视频监控：对人的整体识别和追踪可达到实用的程度，能够将人的各种属性进行关联分析与数据挖掘，从监控调阅、人员锁定到人的轨迹，追踪时间由天缩短到分秒，实现安防监管的实时响应与预警。

②体态识别与行为预测：通过人的姿态进行识别。由于每个人骨骼长度、肌

肉强度、重心高度及运动神经灵敏度都不同，使得每个人的生理结构存在差异性，因此决定了每个人步态的唯一性。体态识别与人脸识别不同，它在超高清摄像头下识别距离可达 50m，识别速度在 200ms 以内。在公共场所安全监控的过程中，当人的面部无法捕捉到或者捕捉到的面部图像不清晰时，通过对人的体态识别，能够推断这个人接下来即将进行的动作，可以有效地预防犯罪。

③知识图谱：知识图谱的本质是使用多关系图（多种类型的节点和多种类型的边）来描述真实世界中存在的各种实体或概念，以及它们之间的关系。安防大数据利用知识图谱将海量时空多维的信息进行实体属性关联分析，提高对数据与情报的检索和分析能力。

④智能安防机器人：智能安防机器人有许多种类。智能安防巡检机器人利用移动安防系统携带的图像、红外、声音、气体等多种传感检测设备在工作区域内进行智能巡检，将监测数据传输至远端监控系统，并可通过计算机视觉、多传感器融合等技术进行自主判断决策，在发现问题后及时发出报警信息。智能消防机器人能代替消防救援人员进入易燃、易爆、有毒、缺氧、浓烟等危险灾害事故现场进行灭火，完成数据采集、处理、反馈及火情控制等作业。车底检查机器人可对各种车辆底盘、车辆座位下方进行精确检查，发现并协助排查车底可疑危险品，具有取样、抓取、转移、排除能力。

（2）智能入侵检测

针对复杂的网络行为，基于特征法则的传统网络攻击识别算法存在着大量的误报、漏报和冗余延迟等问题。由于网络流和主机数据可以自主判定系统中的行为。因此，这种基于分类的方法比基于特征的识别方法，如机器学习等方式，具有更好的处理性能。随着人工智能技术的飞速发展，与现有的入侵探测技术相比，智能入侵检测在探测性能和速度等方面，都取得了极佳的改善效果。基于智能技术在检测中的不断更新与知识积累，智能入侵检测技术能够有效地探测到新的攻击，并且能够降低虚警率，从而提高探测速度。近年来，随着计算机技术的发展，计算机 APT 技术正在引发广泛关注。现有的 APT 探测技术普遍以人工神经元为基础，并对以往技术的弱点进行了深入分析，建立起了一种具有较强侦测能力的感应系统，可以抵御各种攻击和病毒的侵袭，这使得智能入侵检测技术已经成为人工智能助力防御的关键手段。

（3）恶意代码检测与分类

恶意程式主要包括蠕虫、木马、勒索程式、间谍程式等。现在已经有很多基于源代码、二进制代码和执行阶段特性的机器学习方法来识别恶意代码。

在恶意代码的探测中，大量数据的散列值、签名特征、API 函数调用序列、字符串特征等静态特征，都可以根据恶意程序的运行特性，从 CPU 占用率、内存消耗、网络行为、主机驻留行为等构造出一系列的特征，然后使用深度学习和机器学习来识别和判断可疑的恶意代码。

（4）基于知识图谱的威胁猎杀

"威胁猎杀"是一种以"人"为主体的深度侦查，它是一种主动式的、能够在主动防卫层次上不断进行的、能够发现潜在危险的探测手段。威胁猎杀团队、威胁猎杀工具、数据和知识是威胁猎杀的重要因素，三者可以互相促进。威胁猎杀小组必须利用自动的恐吓追踪设备来收集资料，利用相关资料进行分析，发掘新的资讯，并为猎杀小组提供危险的提示。威胁猎杀技术的核心在于建立基于知识的结构体系，从而引导使用者进行高效的检测、防御和响应。

（5）用户实体行为分析

用户实体行为分析（UEBA）是在用户行为分析（UBA）的基础上演变而来的。这里所增加的"E"是指实体（Entity），代指资产或设备，如服务器、终端、网络设备等。UEBA 用于描绘用户与实体的正常行为画像，从而达到异常检测和发现潜在威胁的目的。

机器学习是 UEBA 的重要组成部分，核心思路是利用机器学习算法学习历史数据，构建正常行为模型，并识别正常行为偏差。例如，通过分析小概率事件发现异常，突破传统规则分析方法的局限。同样也可以通过深度学习平台去训练更有效的 UEBA 模型。目前，基于 UEBA 的思路已经在数据泄露、网络流量异常检测和高级持续性威胁检测等方面开始应用。

（6）垃圾邮件检测

传统垃圾邮件检测方法主要是在邮件服务器端设置规则进行过滤检测。其规则通过配置发送端的 IP 地址/IP 网段、邮件域名地址、邮箱地址、邮件主题或内容关键字等特征进行黑白名单设置。该方法只能检测已知垃圾邮件，规则更新具有滞后性、检测效率低。

利用人工智能技术，实现规则的自动更新，能够有效地解决传统垃圾邮件检测方法存在的不足。利用机器学习算法对邮件文本分类是主流的解决方案。

2. 人工智能助长攻击

（1）自动化网络攻击

由人工智能推动的自动化网络攻击是目前研究的热点。黑客不断提高自身的科技水平，并将人工智能技术应用到攻击策略和技术策略中，以达到对网络攻击的自动控制。

①GAN 的联机验证密码：该密码能够在 0.5s 之内攻破 Captcha 的网络验证代码，这种密码的创新性是利用 GAN 产生培训资料。这个体系无须采集和标注成千上万的 Captcha 样品，仅需 500 个 Captcha 样品即可学会，利用这些样品产生几百万乃至几十亿的人工培训资料，还能成功地进行 Captcha 网上验证图像分类。

②自动鱼叉钓鱼：它是一种以 Twitter 为基础的终端对终端的自动鱼叉钓鱼方式，利用鱼叉的方式进行训练，通过在特定对象和特定对象的关注者中，实时地插入主题，以提高点击率。在近百人的实验中，这种方法的有效性维持在 30%~60%，而常规的广泛撒网捕鱼的成功概率仅为 5%~14%。这充分表明，利用人工智能技术可以提高鱼叉捕鱼的精度，并扩大鱼叉捕鱼的规模。

③自动渗入试验：采用仿照实际黑客入侵的方式，进行目标网络与体系的安全性评价，从实际攻防的视角，找出体系存在的弱点，是最行之有效的评价方式。在信息收集、鱼叉邮件定向投递、漏洞利用、代码执行、权限提升、横向移动和内部网络渗透等方面，要全面应用被许可的渗透试验工程理论。

（2）助长网络攻击，加快网络攻击速度

人工智能技术可以极大地提升恶意程序编写与发布的水平，并且可以在不被发现的情况下，自动地改变程序的编码特征，避免被反病毒产品发现。

人工智能技术也可以产生具有可伸缩性的智能丧尸网络。在蜂群和机器人的群组中，人工智能技术将会得到广泛的运用，这些技术可以通过数以百万计的相互关联的装置或机器，在同一时间内，对各种攻击介质进行辨识，并通过自身的学习，进行规模空前的自动打击。蜂群的网络和普通的智能网络相比完全不同，蜂群网络是通过 AI 技术建立起来的，在没有丧尸群的指挥下，蜂群网络可以按照当地的信息进行通信，通过集体信息完成任务。随着蜂群系统的发现及相关病毒入侵的位置越来越多，相应的蜂群网络数量呈几何倍数增加，因此可以一次对多个单位进行攻击。这从根本上说明了智能化物联网装置能够被任何人操控，并且能够主动地向易受威胁的系统发起进攻。

（3）助长有害信息的传播

个性化智能推荐融合了人工智能相关算法，根据用户浏览记录、交易信息等数据，对用户兴趣爱好、行为习惯进行分析与预测，根据用户偏好推荐信息内容。正因如此，智能推荐可能被利用，传播负面信息。因此，如何防范这种融合人工智能的有害信息传播，是计算机安全领域较为重要的挑战。

（4）神经网络后门

未来，将会有一种可以被广泛应用的机器和神经网络模式，经过培训的人工智能将会变成一种生活必需品。这种模式可以被用于发布、共享、再培训或再出售，同时还可以给攻击者带来大量的袭击可能。黑客可能会对这些公用的神经网络模式进行攻击。这种被安装了后门机器人的装置，在普通信号下还能正常工作，但在使用了后门触发装置之后，就会被认为是攻击目标。在这种情况下，如果攻击者再发行带有"后门"的神经网络模式并加以移植使用，则会给如人脸识别和自动驾驶等 AI 应用技术造成威胁。

神经网络后门的构建主要经历了以下三个步骤。

①生成木马触发。木马病毒是一系列特定的输入变量，木马病毒可以引发一系列的神经网络木马，木马病毒代表了特定的输入参数，可以由特定的模型生成触发器。

②形成培训资料。培训资料的形成是在给定输出标记后，利用训练资料生成运算法则，产生具有高可信度的输入信号，由此得到一套可供重新培训的资料集。

③重新进行建模。利用两个阶段产生的触发信号和学习信息，对已选择的神经网络进行再次培训，结果表明该算法在无触发状态下运行良好，而触发状态下的神经网络可以实现状态隐藏功能。

（二）人工智能内生安全

人工智能内生安全指的是人工智能系统自身存在脆弱性。脆弱性的成因包含诸多因素，人工智能框架/组件、数据、算法、模型等任一环节都可能导致系统的脆弱性。

在框架/组件方面，难以保证框架和组件实现的正确性和透明性是人工智能的内生安全问题。框架是开发人工智能系统的基础环境，相当于人们熟悉的 Visual、C++的 SDK 库或 Python 的基础依赖库，重要性不言而喻。国际上已经推出了大量的开源人工智能框架和组件，并得到了广泛应用。然而，由于这些框架和组件未经充分安全测评，可能存在漏洞甚至后门等风险。一旦基于不安全框架构造的人工智能系统被应用于重要的民生领域，这种因为"基础环境不可靠"而带来的潜在风险就更加值得关注。

在数据方面，缺乏对数据正确性的甄别能力是人工智能的内生安全问题。人工智能系统从根本上还是遵从人所赋予的智能形态，而这种赋予方式来自学习，学习的正确性取决于输入数据的正确性，输入数据的正确性是保证生成正确的智能系统的基本前提。同时，人工智能在实施推理判断的时候，其前提也是要依据所获取的数据来判断。因此，人工智能系统高度依赖数据获取的正确性。然而，数据正确的假定是不成立的，有多种原因使得获取的数据质量低下。例如，数据的丢失或变形、噪声数据的输入，都会对人工智能系统造成严重的干扰。

在算法方面，难以保证算法的正确性也属于人工智能的内生安全问题。智能算法可以说是人工智能的引擎，现在的智能算法普遍采用机器学习的方法，就是直接让系统面对真实的数据来进行学习，以生成机器可重复处理的形态。最经典的数属神经网络与知识图谱。神经网络是通过"输入–输出"来学习已知的因果关系，通过神经网络的隐含层来记录所有已学习过的因果关系，经过综合评定后所得的普适条件。知识图谱是通过提取确定的输入数据中的语义关系，来形成实体、概念之间的关系模型，从而为知识库的形成提供支持。两者相比，神经网络像是一个黑盒子，其预测能力很强；知识图谱则更像是一个白盒子，其描述能力很强。智能算法存在的安全缺陷一直是人工智能安全中的严重问题。例如，对抗样本就是一种利用算法缺陷实施攻击的技术，自动驾驶汽车的许多安全事故，也可归结为由算法不成熟导致的。

在模型方面，难以保证模型不被窃取或污染同样属于人工智能的内生安全问题。通过大量样本数据对特定的算法进行训练，可获得满足需求的一组参数，将特定算法和训练得出的参数整合起来就是一个特定的人工智能模型。因此，可以说模型是算法和参数的载体，并以实体文件的形态存在。既然模型是一个可复制、可修改的实体文件，就存在被窃取和被植入后门的安全风险，这就是人工智能模型需要研究的安全问题。

（三）人工智能衍生安全

人工智能衍生安全指人工智能系统因自身脆弱性而导致危及其他领域安全。衍生安全问题主要包括四类：人工智能系统因存在脆弱性而被攻击，人工智能系统因自身失误引发安全事故，人工智能武器研发可能引发国际军备竞赛，人工智能行为体（AIA）一旦失控将危及人类安全。

人工智能系统因存在脆弱性而被攻击，与内生安全中所说的脆弱性之间的关系，相当于一个硬币的正反面。因为人工智能系统存在脆弱性，所以可被攻击进而导致安全问题。例如，可利用自动驾驶汽车的软件漏洞远程控制其超速行驶，自动驾驶汽车自身存在的漏洞是内生安全问题，由此导致的车辆被攻击进而超速行驶就是衍生安全问题。

人工智能系统因算法不成熟或训练阶段数据不完备等，导致其常常存在缺陷。这种缺陷即便经过权威的安全评测也往往不能全部暴露出来。因此，人工智能系统在投入实际使用时，就容易因自身缺陷而引发人身安全问题。具有移动能力和破坏能力的人工智能行为体，可引发的安全隐患尤为突出。

人工智能技术因强大而可以赋能武器研发，这属于助力攻击范畴，但这种赋能效应并不会简单地停留在赋能武器研发上，还会因为缺乏行之有效的国际公约而难以控制国家间的军备竞赛，这将给人类安全及世界和平带来巨大威胁。因此，将人工智能武器研发可能引发的国际军备竞赛列入衍生安全范畴。

AIA一旦同时具有行为能力及破坏力、不可解释的决策能力、可进化成自主系统的进化能力这三个失控要素，不排除其脱离人类控制和危及人类安全的可能。AIA失控这个衍生安全问题，无疑是人类在发展人工智能时最需要关注的问题。

二、人工智能时代计算机网络安全的防护

在人工智能时代，网络信息资源的共享达到前所未有的深度和广度。这在一

定程度上加大了计算机网络信息保护的难度。对计算机领域的研发人员和工作人员来说，确保网络信息安全，做好网络信息安全防护工作至关重要。

（一）及时安装安全可靠的杀毒软件

杀毒软件是保护计算机设备不被入侵的重要手段。通过杀毒软件，用户可以自行检查电子设备是否存在病毒，尤其是木马病毒或者其他恶意软件的入侵，从而自行保护计算机网络信息安全。

（二）通过加密数据信息保护计算机网络信息

对电脑网络资讯进行加密的技术，是以专门的方式来解析、加密资料，然后由接受方对加密资料进行解密、还原。在信息技术日新月异的今天，借助密码技术对计算机网络中的信息进行安全防护，已经是一种十分常见的手段。在数据信息加密技术的支持下，电脑的数据储存将变得更加安全。

（三）定期进行漏洞检查并及时安装补丁

计算机用户要定期进行漏洞检查，可以通过建立防火墙加强对计算机数据信息的保护，其防护效率比较高。通过建立一个涵盖软件和硬件的防护网，阻挡某些病毒或者恶性软件的攻击。然而，在修补漏洞的同时，还要加强辨别能力，避免在下载补丁的同时，下载到隐蔽的病毒，从而造成计算机设备瘫痪。此外，防火墙还可以对系统进行及时的漏洞检查，通过安全检测和检查，用户可以及时地下载补丁进行修补。

第二节　云计算技术与数据安全

一、云计算的基础架构与部署模式

随着高速网络和移动网络的衍生，高性能存储、分布式计算、虚拟化等技术的发展，云计算服务正日益演变为新型的信息基础设施，并得到各方的高度重视。云计算是一种模式，计算资源（包括网络、服务器、存储、应用软件及服务等）存储在可配置的资源共享池中，云计算通过便利的、可用的、按需的网络访问计算资源。计算资源结果能够被快速提供并发布，最大限度地减少管理资源的工作量或与服务提供商的交互。

（一）云计算的基础架构

云计算其实是分层的，这种分层的概念也可视为其不同的服务模式。云的服务模式包含基础设施即服务（IaaS）、平台即服务（PaaS）和软件即服务（SaaS）三个层次。基础设施即服务在最下端，平台即服务在中间，软件即服务在顶端。

1. 基础设施即服务（IaaS）

基础设施即服务在服务层次上是最底层服务，接近物理硬件资源，先将处理、计算、存储和通信等具有基础性特点的计算资源进行封装后，再以服务的方式面向互联网用户提供处理、存储、网络及其他资源方面的服务，以便用户能够部署操作系统和运行软件。这样用户就可以自由部署、运行各类软件（包括操作系统），满足用户个性化需求。底层的云基础设施此时独立在用户管理和控制之外，通过虚拟化的相关技术实现，用户可以控制操作系统，进行应用部署、数据存储，以及对个别网络组件（如主机、防火墙）进行有限的控制。

2. 平台即服务（PaaS）

平台即服务是构建在 IaaS 之上的服务，把开发环境对外向客户提供。PaaS 为用户提供了基础设施及应用双方的通信控制。具体来讲，用户通过云服务提供的基础开发平台运用适当的编程语言和开发工具，编译运行云平台的应用，以及根据自身需求购买所需应用。用户不必控制底层的网络、存储、操作系统等技术问题，底层服务对用户是透明的，这一层服务是软件的开发和运行环境，是一个开发、托管网络应用程序的平台。

3. 软件即服务（SaaS）

软件即服务是指提供终端用户能够直接使用的应用软件系统。服务提供商提供应用软件给互联网用户，用户使用客户端界面通过互联网访问服务提供商所提供的某一应用。但用户只能运行具体的某一应用程序，不能试图控制云基础设施。常见的 SaaS 应用包括 Sales force 公司的在线客户关系管理系统 CrM 和谷歌公司的 Google Docs、Gmail 等应用。SaaS 是一种软件交付模式，将软件以服务的形式交付给用户，用户不再购买软件，而是租用基于 Web 的软件，并按照对软件的使用情况来付费。SaaS 由应用服务提供发展而来，应用服务提供仅对用户提供定制化的服务，是一对一的，而 SaaS 一般是一对多的。SaaS 可基于 PaaS 构建，也可直接构建在 IaaS 上。

（二）云计算的部署模式

1. 私有云

私有云是指企业自主开发使用的云，私有云提供的服务仅限于企业内部人员或分支机构使用，而不会给其他人使用。通常情况下，私有云的组建主要由大型企业的分支机构或政府相关部门负责，私有云是政府单位、企业部署 IT 系统的主要模式。与公有云相比，私有云具有独特的优势，即可以统一管理和计算资源，将计算资源进行动态分配。构建私有云需要构建独有的数据中心，需要购买基础设施，需要足够的人力、物力维持运行，所以，私有云的 IT 成本较高。私有云可以为固定的环境提供良好的云服务，私有云本身的云规模并不大，所以，私有云在云部署模式中遭受的安全风险和攻击较小。

私有云的网络、计算及存储等基础设施都是为单独机构所独有的，并不与其他机构分享（如为企业用户单独定制的云计算）。由此，私有云出现了多种服务模式，具体如下。

第一，专用的私有云运行在用户拥有的数据中心或者相关设施上，并由内部 IT 部门操作。

第二，团体的私有云位于第三方位置，在定制的服务水平协议（SLA）及其他安全合规的条款约束下，由供应商拥有、管理并操作云计算。

第三，托管的私有云的基础设施由用户所有，并交由云计算服务提供商托管。

大体上，在私有云计算模式下，安全管理及日常操作是划归到内部 IT 部门或者基于 SLA 合同的第三方的。这种直接管理模式的好处在于，私有云用户可以高度掌控及监管私有云基础设施的物理安全和逻辑安全层面。这种高度可控性和透明度，使得企业容易实现其安全标准、策略及合规。

2. 公有云

公有云指为外部客户提供服务的云，它所有的服务都是供别人使用的。目前，公有云的建立和运行维护多为大型运营组织，他们拥有大量计算资源并对外提供云计算服务，使用者可节省大量成本，无须自建数据中心和自行维护，只需要按需租用付费即可。

公有云模式具有较高的开放性，对使用者而言，公有云的最大优点是其所应用的程序、服务及相关数据都存放在公共云的提供者处，自己无须做相应的投资和建设。而最大的缺点是，由于数据不存储在自己的数据中心，用户几乎不对数据和计算拥有控制权，可用性不受使用者控制，其安全性存在一定风险。故和私有云相比，公有云所面临的数据安全威胁更为突出。

3. 混合云

混合云由两种以上的云组成，指供自己和客户共同使用的云，它所提供的服务既可以供别人使用，也可以供自己使用。混合云模式中，每种云保持独立，相互间又紧密相连，每种云之间又具有较强的数据交换能力，考虑其组成云的特性不同，用户会把私密数据存储到私有云，将重要性不高、保密性不强的数据和计算存放到公有云。当计算和处理需求波动时，混合云使企业能够将其本地基础结构无缝扩展到公有云以处理任何溢出，而无须授予第三方数据中心访问其整个数据的权限。组织可获得公有云在基本和非敏感计算任务方面的灵活性和计算能力，同时配置防火墙保护关键业务应用程序和本地数据的安全。

通过使用混合云，不仅允许企业扩展计算资源，还减少了进行大量资本支出以处理短期需求高峰的需要，以及企业释放本地资源以获取更多敏感数据或应用程序的需要。企业仅就其暂时使用的资源付费，而不必购买、计划和维护可能长时间闲置的额外资源和设备。混合云提供云计算的优点，包括灵活性、可伸缩性和成本效益，同时也最大限度地降低了数据暴露的风险。

二、云存储与数据安全需求

（一）云存储的形式

在云计算概念的基础上，延伸和发展出了一个新概念——云存储，这种新型概念属于新兴的网络操作模式，云存储的操作流程是通过虚拟化、分布式存储等技术把大量异构存储设备整合为一个完备的存储资源库，这个过程主要通过互联网技术及应用软件等新型手段实现，在存储库中，各要素可以协同工作，然后依据按需访问的形式为网络用户提供访问服务及资源存储服务。

由专业的云平台维护存储的基础设施，这种做法可以确保系统的稳定性和有效性，通常情况下，专业的云平台都具备普通用户不具备的技术水平和管理水平。一方面，传统技术的发展瓶颈被云存储的集群技术所打破，云存储可以让容量和性能呈动态线性扩展，这种存储方式适合存储海量数据；另一方面，它可以根据用户需求计费，减少了用户投入成本和管理成本，便于用户管理存储资源。正因如此，云存储可以快速有效地解决数据爆炸式增长，以及数据增长产生的 IT 资源需求增加的问题，所以，云存储在商业领域和学术界都深受欢迎。

云存储具有以下两种不同的形式。

第一种是文件存储。云中资源以虚拟化为基础，具有较强的扩展性，因此，在云存储中，没有划定传统区域，云存储的商业服务通常采用租户或容器的概念划分用户数据，一个租户或容器对应一个用户，每一个用户都有专属于自己的容器，容器中只有相应的用户上传的文件。

第二种是数据库存储。相较于传统数据库，云数据库在各方面都存在特殊需求，比如，数据库的高并发读写，海量数据的存储和访问及数据的可用性等，在实际生活中，比较常见的云数据库有两种：关系型数据库、NOSQL 数据库。其中，后者对海量数据的存储能力及数据的读写能力非常注重，并且这种云数据库的最大特点是数据表没有 Schema，在数据表中，任意两行数据的属性不一定相同。

综上所述，云存储的优势非常明显，便于使用、灵活度高，还可以共享资源，所以，云存储越来越受企业和个人的喜爱。

（二）云存储的体系架构

云存储主要运用集群技术、网络技术及分布式文件系统等新型功能，把网络系统中各种不同的存储设备连接起来，并运用相应软件协同工作，在此基础上，应用接口和客户端软件可以为用户提供各项在线服务，如数据存储、数据管理、数据访问等。云存储可以方便快捷地按照用户需求调整存储系统，还能快速或重新配置资源，提供存储资源的应用软件，给用户提供个性化的存储和消费模式。

另外，存储服务提供商根据用户的存储情况向用户收费。

相较于传统存储设备，云存储的功能非常强大，它不只是一个硬件设备，还是一个成分复杂的信息系统，它的组成部分有网络设备、服务器及存储设备等，它具有全面、系统的管理功能和存储功能。这些组成部分都以存储设备为重要核心，然后运用相关软件提供访问和存储等服务。一般情况下，云存储系统可以分为四个部分，即存储层、基础设施管理层、应用接口层及访问层。

1. 存储层

存储层是云存储最基础的部分。存储设备可以是 FC 光纤通道、NAS 和 ISCSI 等 IP 存储设备，也可以是 SCSI、SAS 等 DAS 存储设备。云存储中的存储设备往往数量庞大且分布于不同地域，彼此之间通过广域网、互联网或者 FC 光纤通道网络连接在一起。存储设备之上是一个统一存储设备管理系统，可以实现存储设备的逻辑虚拟化管理、多链路冗余管理，以及硬件设备的状态监控和故障维护等。

2. 基础设施管理层

基础设施管理层是云存储最核心的部分，也是云存储中最难以实现的部分。其通过集群、分布式文件系统和网格计算等技术，实现云存储中多个存储设备之间的协同工作，使多个存储设备可以对外提供同一种服务，并提供更大、更强、更好的数据访问性能。CDN 内容分发系统、数据加密技术保证云存储中的数据不会被未授权的用户所访问。同时，通过各种数据备份、容灾技术和措施可以保证云存储中的数据不会丢失，保证云存储自身的安全和稳定。

3. 应用接口层

应用接口层是云存储最灵活多变的部分。不同的云存储运营单位可以根据实际业务类型，开发不同的应用服务接口，提供不同的应用服务，如视频监控应用平台、视频点播应用平台、网络硬盘应用平台、远程数据备份应用平台等。

4. 访问层

任何一个授权用户都可以通过标准的公用应用接口来登录云存储系统，享受存储云服务。存储云运营单位不同，云存储提供的访问类型和访问手段也不同，如用户可以通过访问应用接口层提供的公用 API 来使用云存储系统提供的数据存储、共享和完整性验证等服务。

（三）云存储的数据安全需求

当今社会，数据是一种非常宝贵的资源，因此，数据的安全相关问题显得尤其重要。随着云存储时代的到来，用户数据将会从分散的客户端全部集中存储在云平台中，这显然给黑客进行攻击活动提供了便利的条件。

当计算机信息产业从以计算为中心逐渐转变为以数据为中心后，数据的价值就显得尤为重要。用户最关心的问题就是他们的数据存储在云中是否能够保证信息安全，一旦云服务提供商的存储服务出现人为问题或自然灾害导致的设备损坏等，用户存储在云平台的数据会面临巨大危险，最严重的情况会导致数据的丢失，而数据丢失可能会给用户造成巨大的损失。因此，数据的机密性、隐私性及可靠性问题是云存储过程中面临的一个巨大挑战。

1. 数据机密性

对个人用户来说，云计算平台中存储的数据可能涉及个人隐私。对企业用户来讲，存储的数据一般都是机密性的数据，其中可能包括很多商业机密。因此，数据安全是云计算服务中重点关注的问题，也是用户最关心的问题。然而，云计算平台提供的服务要求用户把数据交给云平台，带来的影响是云平台也可以管理和维护用户的数据。一旦云平台窃取用户的数据，将会导致用户的隐私被泄露。另外，由于云计算平台的数据往往具有很高的价值，恶意用户也会通过云服务器的漏洞或者在传输过程中窃取用户的机密数据，对用户造成严重的后果。因此，云计算平台数据的机密性必须得到保证，否则将会极大地限制云计算的发展与应用。

2. 数据访问控制

随着信息网络和科学技术的快速发展，云存储技术发展迅猛，产业界和学术界高度重视数据安全问题。绝大多数用户想要在不损坏原有数据的基础上运用云存储服务。根据云存储的数据保护需求，保护数据存储安全、共享安全的重要手段是建立数据访问控制机制。

访问控制技术对系统资源的操作和限制主要通过用户身份及资源特性等进行用户分析，在此基础上才能允许合法的用户访问，非法用户禁止进入系统。与传统的数据访问控制模型相比，云存储系统存在不完全可信性，因此，当前安全系数最高的访问控制技术是密码学方法中的访问控制方案，这种方法可以有效保护数据的机密性。

衡量访问控制方案是否优劣的重要依据和指标是访问控制的粒度，访问控制的粒度越精细，形成的控制机制越能满足用户的需求。与此同时，当服务器的可信度较低时，如果出现身份信息泄露的情况，则服务器中的用户信息很有可能会被内部恶意员工和外部攻击者利用。所以，保护用户隐私也是需要重点关注的一方面。

除此之外，从密文访问控制的角度来看，可以充分利用密钥分配实现密文访问，但是，如果出现撤销的情况，为了防止撤销用户再访问数据库，就需要及时更新密钥，由此，数据库需要重新加密，给没有撤销的用户重新制定和分配密钥。这种做法需要承担巨大的计算工作，尤其是用户流动量较大时，计算量也会随之增加，最终影响正常运作。所以，可行性较强的访问控制方案应该充分考虑用户的撤销情况，尽量减少计算量、缩短处理撤销问题的时间。

3. 数据授权修改

在实际的云存储应用中，密文类型信息的动态可修改为具有广泛的应用场景。数据所有者为节省本地存储开销，或方便数据在不同终端的灵活使用，将加密数据存储于云服务器，然后数据所有者希望只有自己或者部分已授权的用户才能够修改这些数据，修改后的数据被重新加密后再次上传到云存储平台。该需求极为常见，例如，在团队协同工作的移动办公场景中，项目经理会率先成立一个项目，项目组的人员均有权对该项目进行维护，即对项目数据执行增加、删除、修改等操作，然而这些权限不能对项目组之外的人员开放。

又如，在对用户进行多方会诊的健康云环境中，用户希望将自己的健康状况数据及历史诊断数据共享给某几个特定的专家或者医生，以便进行病情诊断，被授权的专家或医生有权力查看病患的数据并修改诊断信息，而其他未授权的医生则无法进行这些操作。因此，云存储中的数据修改需求不仅要求只有授权用户才能解密访问数据，还要求云平台能够验证授权用户的身份以接收修改后的密文。

4. 数据可用性

用户数据泄露在给用户带来严重损失的同时，也带来了糟糕的用户体验，使得用户在选择云存储服务时更加看重数据安全，以及个人隐私是否能得到有效保护。于是越来越多的云平台将用户数据加密，以密文存储的方式来保护用户数据的安全及隐私。但用户有对存储在云平台的数据随时进行搜索的需求，这就会遇到对密文进行搜索的难题。

传统的加密技术虽然可以保证数据的安全性和完整性，却无法支持搜索的功能。一种简单的解决方法是用户将存储在云平台的加密数据下载到本地，再经过本地解密之后对解密后的明文进行搜索，这种方法的缺点是成本高、效率低。另一种方法是将用户的密钥发送给云服务器，由云服务器解密后，再对解密后的明文进行搜索，然后将搜索结果加密后返回给用户。这种方法的缺点是不能保证云平台服务器是安全的，用户将密钥发送给云平台服务器的同时就已经将自己的隐私完全暴露，将数据安全完全托付给了云平台服务器。因此，为了保护云平台中存储数据的机密性，同时提高数据的可用性，可搜索加密技术的概念被提出。

可搜索加密技术允许用户在上传数据之前对数据进行加密处理，使得用户可以在不暴露数据明文的情况下对存储在云平台上的加密数据进行检索，其典型的应用场景包括云数据库和云数据归档。可搜索加密技术以加密的形式保存数据到云存储平台中，所以能够保证数据的机密性，使得云服务器和未授权用户无法获取数据明文，即使云存储平台遭受非法攻击，也能够保护用户的数据不被泄露。此外，云存储平台在对加密数据进行搜索的过程中，所能够获得的仅仅是那些数据被用户检索，而不会获得与数据明文相关的任何信息。

三、云计算数据安全的发展

在时代大环境的驱动下，云计算和海量数据开始进入我们的生活中，给社会生产生活带来了极大的影响，并在工作和生活中占据了相当重要的位置。"云计算改变了不同产业的运行模式和服务方式，但同时也面临着数据的风险和安全意识，由于云计算结构具有相当复杂的特性，用户的多样性或是使用的开放性都有可能使云计算的数据出现安全隐患。"① 在云存储系统中，用户数据经加密后存放至云存储服务器，但其中许多数据可能用户在存放至服务器后极少访问，如归

① 顾健. 基于云计算的数据安全风险和防范措施分析［J］. 网络安全技术与应用，2021（01）：80-82.

档存储等。在这种应用场景下，即使云存储丢失了用户数据，用户也很难察觉到，因此用户有必要每隔一段时间就对自己的数据进行持有性证明检测，以检查自己的数据是否完整地存放在云存储中。

（一）数据持有性证明

数据持有性证明（PDP）是指用户将数据存储在不可信的服务器端后，为了避免云存储服务提供商对用户存储数据进行删除或者篡改，在不恢复数据的情况下对云平台服务器端的数据是否完整保存进行验证，从而确定云平台持有数据的正确性。

为了有效保障数据安全，最重要的一点是确保数据完整，影响数据持有性的主要因素包含恶意破坏、突发灾难，存储介质的破坏、提供商内部人员恶意破坏等，这些行为都会造成数据不一致的问题。因此，为了解决这些问题，相关部门应该采取有效措施确保云平台的数据完好无损，具体而言，包含两种方法：第一种是将所有的数据都下载下来，依次进行验证；第二种是运用哈希函数、数据签名等技术的验证数据由此判断云平台的数据是否全面。根据实践可知，第一种方法的可行性并不高，因为这种方法需要耗费太多的时间，所以，当前使用较多的是第二种方法。哈希函数可以为每一个数据单元计算出唯一一个哈希值，哈希值是由用户端自动生成的，如果用户想要校验云平台中的数据，只需要将对应的数据下载下来，再运用同样的哈希函数进行计算，对计算结果进行对比、验证，如果计算出的数值和之前算出来的数值相同，则说明用户存储在云上的文件完整无缺。

（二）数据可恢复性证明

可恢复性证明简称为POR，它属于一种密码证明技术，可恢复性证明是指存储提供者向使用者提供证明数据库中存储的数据依旧完整无缺，确保数据使用者可以将以往存储的数据完全恢复出来，并且数据使用者可以安全使用这些数据。可恢复性证明技术相较于通常的完整性认证技术而言，它的不同点是它可以在不下载数据的情况下检验以往数据是否被修改或删除，这个特点对数据外包管理及文档存储的作用非常大。

当前，云计算的应用范围非常广泛，并且云存储服务也随之不断成为新的信息技术利润增长点，云存储服务凭借低廉、扩展性强、跨时空的数据管理平台，实现了质的飞跃；但是，云存储服务是将用户数据和文档存储在安全性不高的存储池中，因此，安全系数并不高，一旦受到某种恶意攻击，就会给用户带来严重的损失。值得一提的是，可恢复性证明技术提供的认证方法可以有效解决这个技术问题，所以，各大云服务提供商非常有必要使用可恢复性证明技术实现用户数据的安全管理。

（三）数据密文去重

目前，随着云存储的飞速发展，使用云存储的用户与日俱增。所以，当前的服务器面临着巨大的社会压力。值得注意的是，根据数据统计结果可知，在这些增速较快的数据中，大多数据是重复的，也许它们源于同一个用户，通过不断传输、不断被复制分发，并集聚在云存储的各个角落，在云存储中占据了很大空间。随着重复数据的增长，云服务器的处理效率不断降低，并且云存储服务器还面临着巨大开销。如果该问题不能尽快解决，那么重复的数据将越来越多，如果一直不注意，则最终可能会成为云存储服务发展的阻碍因素。面对这种情况，很多云服务器运营商开始运用删除重复数据的技术，并且实践证明，这项技术可以给运营商带来经济效益，所以，各大云服务器运营商纷纷采用这项技术，这也变成了云服务行业的发展潮流。随着重复数据删除技术的广泛应用，市场对该技术的认知越来越清晰，还将该技术称为去重复技术。

重复数据删除技术根据不同的数据处理单元，可以分为两大类：第一类是文件级去重复；第二类是块级去重复。第一类机制需要以文件为基础，换而言之，通过哈希值识别重复文件；第二类则以文件块为基础，把文件分成多个板块进行分类保存，如果文件哈希值相同，则文件块存在重复内容。

重复数据删除技术根据去重复的方法，可以分为两大类：第一类是基于目标的去重复；第二类是基于来源的去重复。第一类又称为服务器端去重复，简称SS-Dedup，这种技术属于传统的删除技术。当收到用户上传的数据后，服务器会自动删除系统内部的重复文件。用户并不清楚自己上传的数据是否重复，只有将数据上传之后才能知道数据是否存在重复，进而进行相关操作。第二类以来源为基础删除重复数据，该方法又可以称为客户端重复数据删除，简称 C-Dedup。其操作流程是先识别相同文件的存储请求，再根据识别结果授予用户拥有相同文件的权力，提醒用户不上传重复数据，由此，不仅可以节约存储空间，还可以节省用户的存储时间和网络宽带。

用户端和服务器端的重复数据删除的主要区别是：服务器端在可信服务器环境下执行，用户端则在不可信用户和不可信服务器之间执行。

重复数据删除为用户和服务器提供了很多便利，但同时，重复数据删除也为用户和服务器提供了数据的比较能力，服务器和用户一旦了解了文件的大部分内容，他们就可以对文件内容进行反复修改，进而构建实际的存储数据，并且还能获得持有权证明。只要拥有持有权证明，用户就可以随意访问服务器上的数据。另外，实施这项技术让用户数据遭到了内部和外部的威胁，用户数据很容易遭到外部用户的恶意攻击，并且内部云服务器具有不可信的属性，内部云服务器非常好奇用户数据。尤其是当下，用户处于大数据时代，海量的用户信息可以给云服务器带来关键的经济利益和决策信息。从实际情况来看，用户数据属于个人隐私和商业机密，用户都希望服务器可以设置安全管理机制，无法访问详尽的个人信息和商业机密。

综上所述，加密技术和重复数据删除之间是矛盾的。因为加密技术可以让数据具备随机性，让数据隐藏相似性。但重复数据删除技术的基础是数据之间的相似性。因此，当前最需要研究的课题是如何在保护用户隐私的同时，实现重复数据删除。云环境中的数据都是加密文件，并且相同的数据也会加密成不同的文件。所以，根据数据内容删除重复数据的方法很难有效实施。

将密钥设置为计算数据中的散列值，通过对称加密算法加密数据，这种方法可以确保不同的用户共享相同文件必定会形成相同密文。重复密文数据删除技术是以收敛加密方式为基础，通过同样的加密模式形成相同的数据，进而实现删除重复数据的目的。根据实践可知，收敛加密去重法主要通过收敛加密技术将重复数据删除。该方法的操作步骤是：先根据用户的使用摘要生成算法和摘要，随后再根据生成的摘要对称加密密钥，加密原本的明文。所以，只有明文相同的用户才能形成同样的对称密钥，所以，收敛加密算法很巧妙地避开了去重和加密之间的矛盾。

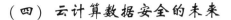

（四）云计算数据安全的未来

目前云计算已日趋成熟，正在颠覆固有的传统架构并带来业务创新。云计算技术为数据的共享、整合、挖掘和分析提供可能，通过整合交通、医疗等各种资源，建立起公共云计算数据中心，可以打破各系统原有的条块分割，提高资源利用率，实现信息共享。

由于云计算的服务性质让用户失去了对数据的绝对控制权，从而产生了云计算环境中特有的安全隐患。为此，根据不同的应用场景，研究人员提出安全假设并建立相应的安全模型与信任体系，采用适合的关键技术，设计并实现了多种云计算数据安全方案。从总体上看，未来云计算数据安全的研究方向是在保证用户数据安全和访问权限的前提下，尽可能地提高系统效率。

目前，在云计算数据的访问控制、密文安全共享、密文分类和搜索、数据持有性证明、加密数据去重和确定性删除等方面的研究仍有待加强。云计算数据安全是云计算发展和应用上最具关注性的热点问题，未来云计算将应用于各大行业业务领域，云服务将大面积渗透到社交、健康、交通等各行各业。随着移动云、社交云、健康云、物联云、车联云等云计算场景的广泛应用，以及轻量级密码、区块链、SDN 等新技术的深入研究，更多高效、安全的方案将被提出。

第三节　计算机网络虚拟化技术

一、虚拟化技术

随着社会经济的发展，现代计算机网络数据流量不断增加，在网络运行和组建中需要运用更多的服务器、移动终端、智能设备、传感器，这种趋势的出现为计算机虚拟技术的应用创造了有利的条件。此外，计算机虚拟技术的出现促使虚拟化网络时代到来，各行业在高科技社会环境下得到了较快的发展。[①]

虚拟化和云计算技术是当下最为炙手可热的主流 IT 技术。虚拟化技术实现

---

① 肖莉莉. 计算机虚拟化技术的分析与应用 ［J］. 信息与电脑（理论版），2022，34（08）：192-194.

了 IT 资源的逻辑抽象和统一表示，在大规模数据中心管理和解决方案交付等方面发挥着巨大的作用，是支撑云计算伟大构想的最重要的技术基石；而在未来，云计算将会成为计算机的发展趋势和最终目标，以提高资源利用效率，满足用户不断增长的计算需求。云计算以虚拟化为核心，虚拟化则为云计算提供技术支持，二者相互依托、共同发展。

虚拟化技术和多任务操作系统的根本目的相同，即让计算机拥有能满足不止一个任务需求的处理能力。近年来，虚拟化技术已成为构建企业 IT 环境的必备技术，许多企业里虚拟机的数量已经远远超过物理机，虚拟化技术已成为 IT 从业者尤其是运维工程师的重要技能。

（一）虚拟化技术的原理和特点

虚拟化技术能将许多虚拟服务器融合到一个单独的物理主机上，并通过运行环境的彻底隔离充分保障虚拟机系统的安全。因此，通过虚拟化技术，服务提供方理论上可以为每个客户创建一个独有的虚拟主机。

1. 虚拟化技术的原理

虚拟化技术的原理如下：在操作系统中加入一个虚拟化层，这是一种位于物理机和操作系统之间的软件，允许多个操作系统共享一套基础硬件，也叫虚拟机监视器（VMM），该虚拟化层可以对下层主机的物理硬件资源（包括物理 CPU、内存、磁盘、网卡、显卡等）进行封装和隔离，将其抽象为另一种形式的逻辑资源，然后提供给上层虚拟机使用。本质上，虚拟化层是联系主机和虚拟机的一个中间件。

通过虚拟化技术构建的虚拟机一般被称为客户机，而作为载体的物理主机则被称为宿主机。

一个系统要成为虚拟机，需要满足以下条件。

①由 VMM 提供的高效>80%、独立的计算机系统。

②拥有自己的虚拟硬件（CPU、内存、网络设备、存储设备等）。

③上层软件会将该系统识别为真实物理机。

④有虚拟机控制台。

2. 虚拟化技术的特点

①同质：虚拟机的本质与物理机的本质相同。例如，二者 CPU 的指令集架构（ISA）是相同的。

②高效：虚拟机的性能与物理机接近，在虚拟机上执行的大多数指令有直接在硬件上执行的权限和能力，只有少数的敏感指令会由 VMM 来处理。

③资源可控：VMM 对物理机和虚拟机的资源都是绝对可控的。

④移植方便：如果物理主机发生故障或者因为其他原因需要停机，虚拟机可以迅速移植到其他物理主机上，从而确保生产或者服务不会停止；物理主机故障修复后，还可以迅速移植回去，从而充分利用硬件资源。

（二）虚拟化的实现方式

1. 全软件模拟

全软件模拟技术理论上可以模拟所有已知的硬件，甚至不存在的硬件，但由于是软件模拟方式，所以效率很低，一般仅用于科研，不适合商业化推广。

2. 虚拟化层翻译

在虚拟化发展的早期，技术主流是借助软件实现的全虚拟化和半虚拟化这两种虚拟化层翻译技术，两种技术各有优缺点，将其灵活应用于不同的环境，可以充分发挥两者的优势，获得更好的效果。

目前，主流的虚拟化层翻译技术有以下类别。

①全虚拟化。使用全虚拟化技术，GuestoS 可直接在 VMM 运行且不需要对自身做任何修改。全虚拟化的 GuestoS 具有完全的物理机特性，即 VMM 会为 GuestoS 模拟出它需要的所有抽象资源，包括但不限于 CPU、磁盘、内存、网卡、显卡等。

用户在使用 GuestoS 的时候，不可避免地会使用 GuestoS 中的虚拟设备驱动程序和核心调度程序来操作硬件设备。例如，GuestoS 使用网卡时，就会调用 VMM 模拟的虚拟网卡驱动来操作物理网卡。全虚拟化架构下的 GuestoS 是运行在 CPU 用户态中的，因此不能直接操作硬件设备，只有运行在 CPU 核心态中的 HostoS 才可以直接操作硬件设备。为解决这一问题，VMM 引入了特权解除和陷入模拟机制。

第一，特权解除。又称翻译机制，即当 GuestoS 需要使用运行在核心态的指令时，VMM 就会动态地将该指令捕获，并调用若干运行在非核心态的指令来模拟该核心态指令的效果，从而将核心态的特权解除，解除该特权之后，GuestoS 中的大部分指令都可以正常执行。但是，仅凭借特权解除机制并不能完美解决所有问题，因为在一个 OS 指令集中往往还存在着敏感指令（可能是内核态，也可能是用户态），这时就需要实现陷入模拟机制。

第二，陷入模拟。HostoS 和 GuestoS 都存在部分敏感指令（如 reboot、shutdown 等），这些敏感指令如果被误用会导致很大麻烦。试想，如果在 GuestoS 中执行的 reboot 指令将 HostoS 重启了，显然会非常糟糕。而 VMM 的陷入模拟机制刚好可以解决这个问题。如果在 GuestoS 中执行了需要运行在内核态中的 reboot 指令，则 VMM 首先会将该指令获取、检测并判定为敏感指令，然后启动陷入模拟机制，将敏感指令 reboot 模拟成一个只对 GuestoS 进行操作的、非敏感的，并且运行在非核心态的 reboot 指令，并将其交给 CPU 处理，最后由 CPU 准确执行重启 GuestoS 的操作。

全虚拟化是将非内核态指令模拟成内核态指令再交给 CPU 处理，中间要经过两重转换，因此效率比半虚拟化要低，但优点在于不会修改 GuestoS，所以全虚拟化的 VMM 可以安装绝大部分的操作系统。

②半虚拟化。半虚拟化技术是需要 GuestoS 协助的虚拟化技术，因为在半虚拟化 VMM 中运行的 GuestoS 内核都经过了修改。一种方式是修改 GuestoS 内核指令集中包括敏感指令在内的内核态指令，使 HostoS 在接收到没有经过半虚拟化 VMM 模拟和翻译处理的 GuestoS 内核态指令或敏感指令时，可以准确判断出该指令是否属于 GuestoS，从而高效地避免错误；另一种方式是在每一个 GuestoS 中安装特定的半虚拟化软件，如 VMTools、rHEVTools 等。因此，半虚拟化技术在处理敏感指令和内核态指令的流程上更为简单。

③硬件辅助虚拟化（HVM）。CPU 硬件辅助虚拟化技术解决了非内核态敏感指令的陷入模拟难题，由于 GuestoS 运行于受控模式，其内核指令集中的敏感指令会全部陷入 VMM，由 VMM 进行模拟。模式切换时上下文的保存恢复工作也都由硬件来完成，从而大大提高了陷入模拟的效率。

3. 容器虚拟化

与虚拟机方式和硬件虚拟化方法不同，容器虚拟化是操作系统级的虚拟化技术和方法，所以，不能盲目地将容器虚拟化等同于全虚拟化和半虚拟化。容器虚拟化技术的载体单位是虚拟化的容器，在容器媒介作用下，应用程序能够获得相对独立的运行空间，并且容器的变动和调整并不会影响其他容器的正常运作。综上所述，容器比虚拟机具有以下优势。

①在容器里运行的一般是不完整的操作系统（虽然也可以），而在虚拟机上必须运行完整的操作系统。

②容器比虚拟机使用更少的资源，包括 CPU、内存等。

③容器在云硬件（或虚拟机）中可被复用，就像虚拟机在裸机上可被复用一样。

④容器的部署时间可以短到毫秒级，虚拟机则最少是分钟级。

⑤容器比虚拟机更轻量级、效率更高，部署也更加便捷，但容器是将应用打包并以进程的形式运行在操作系统上的，因此应用之间并非完全隔离，这是容器虚拟化的一大缺陷。

二、内存虚拟化与存储虚拟化

（一）内存虚拟化

内存虚拟化是虚拟化的一项关键技术，通过内存虚拟化技术，可以将宿主机的物理内存动态分配给虚拟机使用，实现内存共享。

与操作系统支持下的虚拟内存技术相似，内存虚拟化技术同样具有以下特性：在虚拟内存技术环境下，应用程序获准拥有临近内存地址空间的使用权，同时这些地址空间与物理内存之间并不存在直接对应联系。而在对内存虚拟化技术加以应用的情况下，宿主机操作系统只需要让虚拟内存页到物理内存页的映射得到保障，就可以正常运行虚拟机应用程序。

常用的内存虚拟化技术主要有内存相同页合并技术（KSM）、内存气球、巨型页三种，下面逐一进行介绍。

1. KSM 技术

内存相同页合并技术（KSM），该技术可以将相同的内存页进行合并，类似于软件压缩，从而达到节省空间的目的。

（1）KSM 的原理

KSM 的原理，是指 Linux 系统会将多个进程中的相同内存页合并成一个内存页，将这部分内存变为共享的，于是虚拟机使用的总内存就减少了。在 KVM 中，KSM 技术通常被用来减少多台相同虚拟机的内存占用，提高内存的使用效率，在这些虚拟机使用相同的镜像和操作系统时，效果更加明显。

（2）KSM 的使用

在 CentoS6 和 ontoS7 系统中，承载 KSM 功能的服务有两个：Ksm 服务与 Ksmtuned 服务。两个服务需要同时开启，才能保证 KSM 功能的正常使用。

①查看 KSM 支持服务。一般情况下，Ksm 服务与 Ksmtuned 服务都是默认开启的，可以使用以下命令确认。在宿主机上执行 Systemctl Status 命令，可以查看 Ksm 服务的运行状态。

②查看 KSM 状态。如果要查看 KSM 的运行状态，可以在宿主机上执行命令，查看宿主机目录下相关文件的记录。

③限制 KSM 功能。在内存足够使用的情况下，为阻止宿主机对某一特定虚拟机的内存页进行合并，可在虚拟机的文件中进行相关配置。

④关闭 KSM 功能。KSM 功能可以实现在线开启，而在关闭 KSM 功能的情况下，倘若运行虚拟机的过程中遇到了内存不足的困难，就可以运行 Systemctl Start 命令，同时实现 Ksm 服务和 Ksmtuned 服务的同时开启，此时就可以在正常运行虚拟机业务的情况下，实现宿主机对内存页的逐渐合并效果。

KSM 的内存扫描会造成一定量计算机资源的消耗，同时也可能导致系统对 Swap 空间的频繁使用，进而大大降低虚拟机性能。针对这种情况，可以将其应用于环境测试中，以有效解决内存资源不足的问题，同时在生产环境中彻底关闭 KSM。

2. 内存气球

内存气球技术可以在虚拟机和宿主机之间按照实际需求的变化动态调整内存分配。如果有各自运行不同业务的多台虚拟机在同一台宿主机上运行，可以考虑使用内存气球技术，让虚拟机在不同的时间段释放或申请内存，能有效提高内存的利用率。

要改变虚拟机占用的宿主机内存，通常先要关闭虚拟机，然后修改启动时的内存配置，最后重启虚拟机，才能实现对内存占用的调整；内存气球技术则可以在虚拟机运行时动态地调整其占用的宿主机内存，而不需要关闭虚拟机。

（1）内存气球的操作方式

内存气球的基本操作方式有以下两种。

①膨胀，把虚拟机的内存划给宿主机。

②压缩，把宿主机的内存划给虚拟机。

内存气球技术在虚拟机内存中形象引入了气球的概念，"气球"中的内存是可供宿主机使用的（但不能被虚拟机访问或使用）：当宿主机内存紧张时，可以请求回收已分配给虚拟机的一部分内存，此时虚拟机会先释放其空闲的内存，若空闲内存不足，就会回收一部分使用中的内存，然后将其放入虚拟机的交换分区中，使内存气球充气膨胀，宿主机就可以回收这些内存，用于自身其他进程（或其他虚拟机）的运行；反之，当虚拟机中内存不足时，也可以压缩虚拟机的内存气球，释放出其中的部分内存，使虚拟机有更多可供使用的内存。

（2）内存气球的工作过程

内存气球的工作过程如下。

①HypervISOR 向虚拟机操作系统发送请求，将一定数量的内存归还给 HypervISOR。

②虚拟机操作系统中的内存气球驱动收到 HypervISOR 的请求。

③在内存气球的驱动作用下，虚拟机的内存气球会出现膨胀现象，进而导致虚拟机无法正常访问气球中的内存。此种情况下，倘若虚拟机中只有少量的内存余量，比如，由于某应用程序的绑定或申请而占据了大量内存，导致内存气球的膨胀程度无法使 HypervISOR 的请求得到最大化满足时，内存气球驱动也会在气球内投放尽可能多的内存，以确保 HypervISOR 所申请的内存数量能够得到最大化满足，但实际上，内存申请量与内存供给量之间并不完全相等。

④虚拟机操作系统将内存气球中的内存归还给 HypervISOR。

⑤HypervISOR 将从内存气球中得来的内存分配到需要的地方。

⑥如果宿主机没有使用从内存气球中回收的内存，还可以通过 HypervISOR 将其返还给虚拟机。首先，由 HypervISOR 向虚拟机的内存气球驱动发送请求；其次，收到请求后，虚拟机的操作系统开始压缩内存气球；最后，内存气球中的内存被释放出来，可供虚拟机重新访问和使用。

（3）内存气球的优势和不足

①内存气球的优势。在节约和灵活分配内存方面，内存气球技术具有明显的优势，主要体现在以下方面。

第一，内存气球可以被控制和监控，因此能够潜在地节约大量内存。

第二，内存气球对内存的调节非常灵活，既可以请求少量内存，也可以请求大量内存。

第三，使用内存气球可以让虚拟机归还部分内存，有效缓解宿主机的内存压力。

②内存气球的不足。KVM 中的内存气球功能仍然存在许多不完善之处，主要体现在以下方面。

第一，使用内存气球，需要虚拟机操作系统加载内存气球驱动，但并非所有虚拟机的操作系统中都安装了该驱动。

第二，内存气球从虚拟机系统中回收了大量内存，可能会降低虚拟机操作系统的运行性能。一方面，虚拟机内存不足时，可能会将用于硬盘数据缓存的内存放入气球中，使虚拟机的硬盘 IO 访问增加；另一方面，虚拟机的应用软件处理机制如果不够好，也可能由于内存不足而导致虚拟机中正在运行的进程执行失败。

第三，现阶段而言，对内存气球的管理尚且缺乏便利性极强的自动化机制，若想正常使用内存气球，就需要借助命令行的方法，所以，内存气球并不利于生产环境中大规模自动化部署的实现。

第四，虚拟机内存频繁地动态增加或减少，可能会使内存被过度碎片化，从而降低内存使用时的性能。

第五，内存的频繁变化还会影响虚拟机内核对内存的优化效果。例如，某虚拟机内核根据未使用内存气球时的初始内存数量，应用了某种最优化的内存分配策略，但内存气球的使用导致虚拟机的可用内存减少了许多，这时起初的策略很可能就不是最优的了。

3. 巨型页

巨型页指的是内存中的巨型页面。x86 系统中，默认的内存页面大小是 4KB，而巨型页的大小会远超过这个值，达到 2MB 甚至 1GB 的容量。

巨型页的原理涉及操作系统的虚拟地址到物理地址的转换过程：操作系统为了能同时运行多个进程，会为每个进程提供一个虚拟的进程空间。在 32 位操作系统上，该进程空间的大小为 4GB；而在 64 位操作系统上，该进程空间的大小为 2B（实际可能小于这个值）。

第一，在宿主机上使用巨型页。在宿主机上使用巨型页需要进行三步操作：首先，开启系统的巨型页功能；其次，设置系统中巨型页的数量；最后，将巨型页挂载到宿主机系统。

第二，在虚拟机上使用巨型页。如果某虚拟机要使用宿主机的巨型页，需要进行的操作包括：①重启宿主机的 libvirtd 服务；②在虚拟机上开启巨型页功能；③关闭虚拟机，然后编辑虚拟机的配置文件，设置该虚拟机可以使用的宿主机巨型页数量。

第三，透明巨型页。从 CentoS6 开始，Linux 系统自带了一项叫作透明巨型页（THP）的功能，它允许将所有的空闲内存用作缓存以提高系统性能，而且这个功能是默认开启的，无须手动设置。

（二）存储虚拟化

在不同的虚拟机应用场景，可能需要使用不同的硬盘虚拟化技术，因此，需要对可以虚拟的硬盘类型、常用的硬盘镜像格式及缓存模式有一定的了解。

1. 硬盘虚拟化的类型及缓存模式

实施硬盘虚拟化时，需要针对不同的应用场景选择不同的硬盘类型和缓存模式。硬盘类型指系统可模拟的硬盘类型；而缓存模式则是模拟硬盘的工作模式，与硬盘类型无关。

（1）可模拟的硬盘类型

IDE 虚拟硬盘的兼容性最好，在一些特定环境下，如必须使用低版本操作系统时，只能选择 IDE 硬盘，但是 KVM 虚拟机最多只能支持四个 IDE 虚拟硬盘，因此对于较新版本的操作系统，建议使用 Virtio 驱动，系统性能会有较大提高，特别是 Windows 系统，要尽量使用最新版本的官方 Virtio 驱动。

（2）缓存模式的类型

缓存是指数据交换的缓冲区，缓存是指硬盘的写入缓存，即系统要将数据写入硬盘时，会先将数据保存在内存空间，当满足可以写入的条件后，再将数据写入硬盘。虚拟硬盘的缓存模式，就是虚拟化层和宿主机文件系统或块设备打开或者关闭缓存的组合方式。

给 KVM 虚拟机配置硬盘的时候，可以指定多种缓存模式，但如果缓存模式使用不当，有可能会导致数据丢失，影响硬盘性能，另外，某些缓存模式与在线迁移功能也存在冲突。因此，要根据虚拟机的应用场景，选用最合适的缓存模式。

①默认缓存模式。在低于 1.2 版本的 QEMU-KVM 中，如未指定缓存模式，则默认使用 Writethrough 模式；1.2 版本之后，大量 Writeback 模式与 Writethrough 模式的接口的语义问题得到修复，从而可以将默认缓存模式切换为 Writeback；如果使用的虚拟硬盘为 IDE、SCSI、Virtio 等类型，默认的缓存模式会被强制转换为 Writethrough。另外，如果虚拟机安装 CentoS 操作系统，则默认的缓存模式为 none。

②Writethrough 模式。Writethrough 模式下，虚拟机系统写入数据时会同时写入宿主机的缓存和硬盘，只有当宿主机接收到存储设备写入操作完成的通知后，宿主机才会通知虚拟机写入操作完成，即系统是同步的，虚拟机不会发出刷新指令。

③Writeback 模式。Writeback 模式下，系统是异步的，它使用宿主机的缓存，当虚拟机将数据写入宿主机缓存后，会立刻收到写操作已完成的通知 I，但此时宿主机尚未将数据真正写入存储系统，而是留待之后合适的时机再写入。Writeback 模式虽然速度快，但风险也比较大，因为如果宿主机突然停电关闭，就会丢失一部分虚拟机的数据。

④None 模式。None 模式下，系统可以绕过宿主机的页面缓存，直接在虚拟机的用户空间缓存和宿主机的存储设备之间进行 I/O 操作。存储设备在数据被放进写入队列时就会通知虚拟机数据写入操作完成，虚拟机的存储控制器报告有回

写缓存，因此虚拟机在需要保证数据一致性时会发出刷新指令，相当于直接访问主机硬盘，性能较高。

⑤Unsafe 模式。Unsafe 模式下，虚拟机发出的所有刷新指令都会被忽略，所以丢失数据的风险很大，但会提高性能。

⑥Directsync 模式。Directsync 模式下，只有数据被写入宿主机的存储设备，虚拟机系统才会接到写入操作完成的通知，绕过了宿主机的页面缓存，虚拟机无须发出刷新指令。

综上所述，Writethrough、None、Directsync 种模式相对安全，有利于保持数据的一致性。其中，Writethrough 模式通常用于单机虚拟化场景，在宿主机突然断电或者宕机时不会造成数据丢失；None 模式通常用于需要进行虚拟机在线迁移的环境，主要是虚拟化集群；Directsync 适用于对数据安全要求较高的数据库，使用这种模式会直接将数据写入存储设备，减少了中间过程丢失数据的风险。

此外，Writeback 模式依靠虚拟机发起的刷新硬盘命令保持数据的一致性，提高虚拟机性能，但有丢失数据的风险，主要用于测试环境；Unsafe 模式类似于Writeback，性能最好，但是会忽略虚拟机的刷新硬盘命令，风险最高，一般用于系统安装。

（3）缓存模式对在线迁移的影响

Libvirt 会对缓存模式与在线迁移功能的兼容可能进行检查，倘若缓存模式是None，Libvirt 就可以兼容在线迁移功能；倘若出现禁止在线迁移的情况，也可以通过将 Unsafe 参数应用于 Virsh 命令中来实现在线迁移的强制执行。倘若虚拟机与共享的集群文件系统共生，同时共享存储呈现为只读模式，虚拟机的写入操作同样不被允许发生，在线迁移虚拟机也不用考虑缓存模式。

2. 虚拟机镜像管理

KVM 虚拟机镜像有两种存储方式：一种是存储在文件系统上，另一种是存储在裸设备上。存储在文件系统上的镜像支持多种格式，常用的如 Raw 和 Qcow2 等；存储在裸设备上的数据由系统直接读取，没有文件系统格式。一般情况下，用户使用 Qemu-img 命令对镜像进行创建、查看、格式转换等操作。

第一，常用镜像格式，主要包括：①raw，一种简单的二进制文件格式，会一次性占用完所分配的硬盘空间；②cloop，压缩的 loop 格式，主要用于可直接引导的 U 盘或者光盘；③row，一种类似于 raw 的格式，创建时一次性占用完所分配的硬盘空间，但会用一个表来记录哪些扇区被使用，所以可以使用增量镜像，但不支持 Windows 虚拟机；④qcow，一种过渡格式，功能不及读写性能又不及 cow 和 raw 格式，但该格式在 cow 的基础上增加了动态调整文件大小的功能，且支持加密和压缩；⑤qcow2，一种功能较为全面的格式，支持内部快照、加密、压缩等功能，读写性能也比较好。

第二，镜像的创建及查看。主要通过创建 raw 和 qcow2 这两种最常用镜像格式的方法进行查看。

第三，镜像格式转换、压缩和加密。镜像格式转换主要用于在不同虚拟机之间转换镜像，从而实现虚拟机的跨平台迁移；镜像的压缩和加密主要用于虚拟机迁移过程中，防止镜像在网上传输时被窃取。

第四，镜像快照。镜像快照可用于在紧急情况下恢复系统，但会对系统性能产生影响。如果是应用于生产环境的系统，建议根据需要创建一次快照即可。目前，只有使用 qcow2 格式的镜像文件支持快照，其他镜像文件格式暂不支持此功能。

第五，后备镜像差量管理。后备镜像差量，是指多台虚拟机共用同一个后备镜像，进行写入操作时，会把数据写入自己所用的镜像，被写入数据的镜像称为差量镜像。后备镜像可以是 raw 格式或者 qcow2 格式，但是差量镜像只支持 qcow2 格式。后备镜像差量的优点是可以快速生成虚拟机的镜像和节省硬盘空间。

三、虚拟专用网技术种类

（一）虚拟专用网技术

随着公司规模的扩大，公司不再只有一个办公地点，公司的网络不再只是一个局域网，处于不同地点的分公司的局域网之间需要安全地连接起来，共享公司内部的资源。

将两地局域网安全地连接在一起有两种方法：一种方法是使用传统的专线技术，专线连接虽然可以确保总公司与各分公司间网络连接的安全性，但部署成本

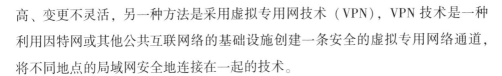

高、变更不灵活，另一种方法是采用虚拟专用网技术（VPN），VPN 技术是一种利用因特网或其他公共互联网络的基础设施创建一条安全的虚拟专用网络通道，将不同地点的局域网安全地连接在一起的技术。

1. 虚拟专用网技术的特点

第一，虚拟专用网络费用低。因为虚拟专用网络是虚拟的，它的传输通道可以是因特网这样的共享资源，而共享的好处就是费用低。

第二，虚拟专用网络安全性高。因为虚拟专用网络除了是虚拟的，还是专用的。利用加密技术和隧道技术，可以在各地的分公司网络节点之间构建出一条安全的专用隧道。专用隧道具有传输数据的源认证、私密性和完整性等安全特性。

第三，虚拟专用网络的灵活性高，只须通过简单的软件配置，就可以方便地增删 VPN 用户，扩充分支接入点。

可见，虚拟专用网络技术是公司建立自己的内联网和外联网的最好选择。应用该技术，可以安全地把总公司和分公司间的网络互联起来；可以让在家办公的员工或出差的员工安全地连接到公司内部网络中，让他们能安全地访问公司的内网资源；还可以让供货商、销售商按需要连接公司的外联网，安全地扩展公司网络的服务范围。

2. 虚拟专用网络技术应用实现的过程

在数据传输的过程中，采用虚拟专用网络技术的过程和形式具有多样性，出于提高理解效率和效果的考虑，以下重点分析一种典型情况：将分别位于两个不同地区的公司总部和公司分布连接成一个专用网络，就可以通过 VPN 技术的应用和因特网的媒介作用来实现。比如，现在公司分部想要访问以私网 IP 地址的形式公司总部的网络，大致就需要经过以下环节：

首先，发送端的明文流量进入 VPN 设备，根据访问控制列表和安全策略，决定是直接明文转发该流量，加密封装后进入安全隧道转发该流量，还是丢弃该流量。若 VPN 设备的访问控制列表和安全策略决定流量需要加密封装后进入安全隧道，则该 VPN 设备先对包括私网 IP 地址的数据报文进行加密，以确保数据的私密性。

其次，将安全协议头部、加密后的数据报文和预共享密钥一起进行 HASH 运算提取数字指纹，即进行 HMAC 运算，以确保数据的完整性和源认证。

最后，封装上新的公网 IP 地址，转发进入公网。

在公网传输这些处理过的数据，就相当于让这些数据在安全隧道中传输。经过处理的数据，除了公网 IP 地址是明文的，其他部分都被加密封装保护起来了。数据到达隧道的另一端，即到达公司总部后，VPN 设备首先会对数据包进行装配、还原，然后再对其进行认证、解密，从而获取并查看到其私网目的 1P 地址，最后根据这个目的 IP 地址转发到公司总部的目的地。

（二）GRE VPN

通用路由封装（GRE），IETF 在 RFC-1701 中将 GRE 定义为在任意一种网络协议上，传送任意一种其他网络协议的封装方法。在 RFC-1702 中，定义了如何通过 GRE 在 IPv4 网络上传送其他网络协议的封装方法。在 RFC-2784 中，GRE 得到了进一步的规范。

GRE 本身并没有规范如何建立隧道、保护隧道、拆除隧道，也没有规范如何保证数据安全，它只是一种封装方法。GRE VPN，指的是使用 GRE 封装构建 Tunnel 隧道，在一种网络协议上传送其他协议分组的 VPN 技术。隧道中的数据包使用 GRE 封装，封装的格式如下：

链路层头+承载协议头+GRE 头+载荷协议头+载荷数据

目标设备接收到 GRE 封装的数据包后，通过解封装，读取 GRE 头，从而得知上层不是简单地承载协议标准包，而是载荷分组，并能获知上层的协议类型，将载荷分组递交给正确的协议栈进行处理。

1. IP Over IP 的 GRE 封装

IP Over IP 的 GRE 封装，指的是 IP 协议作为载荷协议的同时，也作为承载协议的封装。以企业总公司与分公司之间建立 IP Over IP 的 GRE 封装为例，企业内部的 IP 网络协议作为载荷协议，公网的 IP 网络协议作为承载协议。

2. GRE 的隧道接口

隧道接口即 Tunnel 接口，是一个逻辑接口，Tunnel 接口使用公司内部的私网地址，Tunnel 接口是建立在物理接口之上的，它的一端使用公司总部的公网接口，另一端使用公司分部的公网接口。Tunnel 隧道就相当于在公司总部和公司分部的这两个接口之间拉了一根网线，并用公司内网的地址来分别标识这两个接口。有数据流经这两个接口时，则转由公网接口转发出去。

3. GRE 隧道的工作流程

（1）隧道起点的私网 IP 路由查找

公司总部的私网数据包到达总部的 VPN 设备，用 VPN 设备查看路由表。

①若找不到匹配项，则丢弃。

②若匹配的出接口是普通的物理接口，则正常转发。

③若匹配的出接口是 Tunnel 接口，则进行 GRE 封装后转发。

（2）在隧道起点进行 GRE 封装

若数据包匹配的出接口是 Tunnel 接口，由于 Tunnel 接口是虚拟的，所以要转由物理接口发出，转发之前，需要经过 GRE 封装。

①添加 GRE 头。

②将 GRE 隧道一端的公网地址作为源 IP 地址，将 GRE 隧道另一端的公网地址作为目的 IP 地址进行封装。

（3）隧道起点的公网 IP 路由查找

刚封装的源、目的公网 IP 是源 VPN 设备再次查找路由所采用的主要方法。

①倘若无法发现匹配项，就可以丢弃；

②倘若发现匹配项，就可以遵循正常的流程来完成转发任务。

（4）在隧道终点进行 GRE 解封装

①公司分部的 VPN 设备，即对端的 VPN 设备检查目的 IP 地址，与本地接口地址匹配。

②检查公网 IP 头部中的上层协议号是 47，则表示载荷是 GRE 封装。

③去掉公网 IP 头部，检查 GRE 头部，GRE 头部的 Protocol 字段的值是 0×0800，标志着其后跟着的是 IP 头部。

④去掉 GRE 头部，将私网 IP 包交给 Tunnel 接口。

（5）隧道终点的私网 IP 路由查找

①若私网目的 IP 地址是自己的，则交给上层继续处理。

②若私网目的 IP 地址不是自己的，则查找路由表，无匹配项则丢弃，有匹配项就转发。

参考文献

［1］刘艳丽，曾光．计算机技术应用及信息安全管理研究［M］．北京：中国商务出版社，2023．

［2］谭英丽，田雪莲．人工智能应用技术与计算机教学研究［M］．北京：中国商务出版社，2023．

［3］刘丽，鲁斌，李继荣．人工智能原理及应用［M］．北京：北京邮电大学出版社，2023．

［4］申时凯．人工智能时代智能感知技术应用研究［M］．长春：吉林大学出版社，2023．

［5］李春平．计算机网络安全及其虚拟化技术研究［M］．北京：中国商务出版社，2023．

［6］薛亚许．大数据与人工智能研究［M］．长春：吉林大学出版社，2023．

［7］黄亮．计算机网络安全技术创新应用研究［M］．青岛：中国海洋大学出版社，2023．

［8］袁红春，梅海彬．人工智能应用与开发［M］．上海：上海交通大学出版社，2022．

［9］武马群，葛睿，李森．信息技术：拓展模块［M］．北京：人民邮电出版社，2022．

［10］王恒．计算机网络理论与管理创新研究［M］．哈尔滨：哈尔滨出版社，2022．

［11］商书元．信息技术导论［M］．2版．北京：中国铁道出版社，2022．

［12］徐卫，庄浩，程之颖．人工智能算法基础［M］．北京：机械工业出版社，2022．

［13］卢盛荣．人工智能与计算机基础［M］．北京：北京邮电大学出版社，2022．

[14] 袁强，张晓云．人工智能技术基础及应用［M］．郑州：黄河水利出版社，2022.

[15] 李慧颖．计算思维与信息技术导论［M］．北京：北京邮电大学出版社，2022.

[16] 王广元，温丽云，李龙．计算机信息技术与软件开发［M］．汕头：汕头大学出版社，2022.

[17] 许晓璐，张魁，谭建伟．信息技术：拓展模块［M］．北京：电子工业出版社，2022.

[18] 李梦．计算机网络技术与信息化［M］．哈尔滨：黑龙江科学技术出版社，2022.

[19] 范立南，李雪飞，范志彬．计算机控制技术［M］．3版．北京：机械工业出版社，2022.

[20] 陈红，胡小春．计算机基础实践教程［M］．北京：北京理工大学出版社，2022.

[21] 张顺贤，田丽，刘霜霜．计算机信息技术与网络应用［M］．汕头：汕头大学出版社，2022.

[22] 董譞．基于深度学习的底层计算机视觉算法的研究与实现［M］．北京：北京邮电大学出版社，2022.

[23] 陈静，徐丽丽，田钧．人工智能基础与应用［M］．北京：北京理工大学出版社，2022.

[24] 许晓萍，李科，郑艳．计算机信息技术基础教程［M］．南京：南京大学出版社，2022.

[25] 王洪亮，徐婵婵．人工智能艺术与设计［M］．北京：中国传媒大学出版社，2022.

[26] 谷宇．人工智能基础［M］．北京：机械工业出版社，2022.

[27] 周俊，熊才高．人工智能基础及应用［M］．武汉：华中科技大学出版社，2021.

[28] 陈亚娟，周福亮．人工智能技术与应用［M］．北京：北京理工大学出版社，2021.

［29］徐蔚然．人工智能导论［M］．北京：北京邮电大学出版社，2021.

［30］赵国生．人工智能导论［M］．北京：机械工业出版社，2021.

［31］陈敏光．极限与基线：司法人工智能的应用之路［M］．北京：中国政法大学出版社，2021.

［32］余萍．"互联网+"时代计算机应用技术与信息化创新研究［M］．天津：天津科学技术出版社，2021.

［33］姚金玲，阎红．人工智能技术基础［M］．重庆：重庆大学出版社，2021.

［34］徐洁磐，徐梦溪．人工智能导论［M］．2版．北京：中国铁道出版社，2021.

［35］王克强．人工智能原理及应用［M］．天津：天津科学技术出版社，2021.